NF文庫
ノンフィクション

戦艦「大和」全戦闘

誕生から最期までの1200日

原 勝洋

潮書房光人新社

昭和16年10月30日、宿毛湾沖で全力公試運転中の戦艦「大和」。この時、速力27.3ノットを記録した。それまでの米戦艦より優速、主砲も米戦艦を凌駕する46センチ砲を搭載、帝国海軍の輿望を担った新鋭艦だった

昭和17年6～7月頃、公試運転中の大和型2番艦「武蔵」。艦首から前部主砲塔、艦橋構造物を望む。巨大な主砲塔は1基約2500トン、船体幅が非常に広いこと、後方に向かってせりあがるスロープ状の甲板が印象的だ

「武蔵」の第2艦橋付近から前甲板を見下ろす。広々とした甲板上では、多数の乗員が体操を行なっている。小振りに見える艦首旗竿が見上げるような高さであることが分かる。このページの写真は堀内康雄技術少佐撮影

昭和17年9月4日、トラック泊地の「大和」。後檣には大将旗が掲げられており、本艦が聯合艦隊旗艦であることを示している。前檣楼トップの射撃塔が灰白色に塗られているのは敵味方識別用である

昭和18年5月、トラック泊地に停泊中の大和型戦艦2隻。手前が聯合艦隊旗艦「武蔵」、左奥が「大和」である

昭和19年6月20日、マリアナ沖海戦時の「大和」。この時「大和」は、空母「千代田」に来襲した敵機群に対し、初めて46センチ主砲対空弾・三式弾を斉射した。画面右奥の爆煙は被弾した「千代田」のもの

昭和19年10月、ボルネオ島ブルネイ泊地で燃料補給を受ける「大和」(左)と「武蔵」。「大和」の手前に航空巡洋艦「最上」が、「武蔵」には重巡洋艦「鳥海」が横付けしている

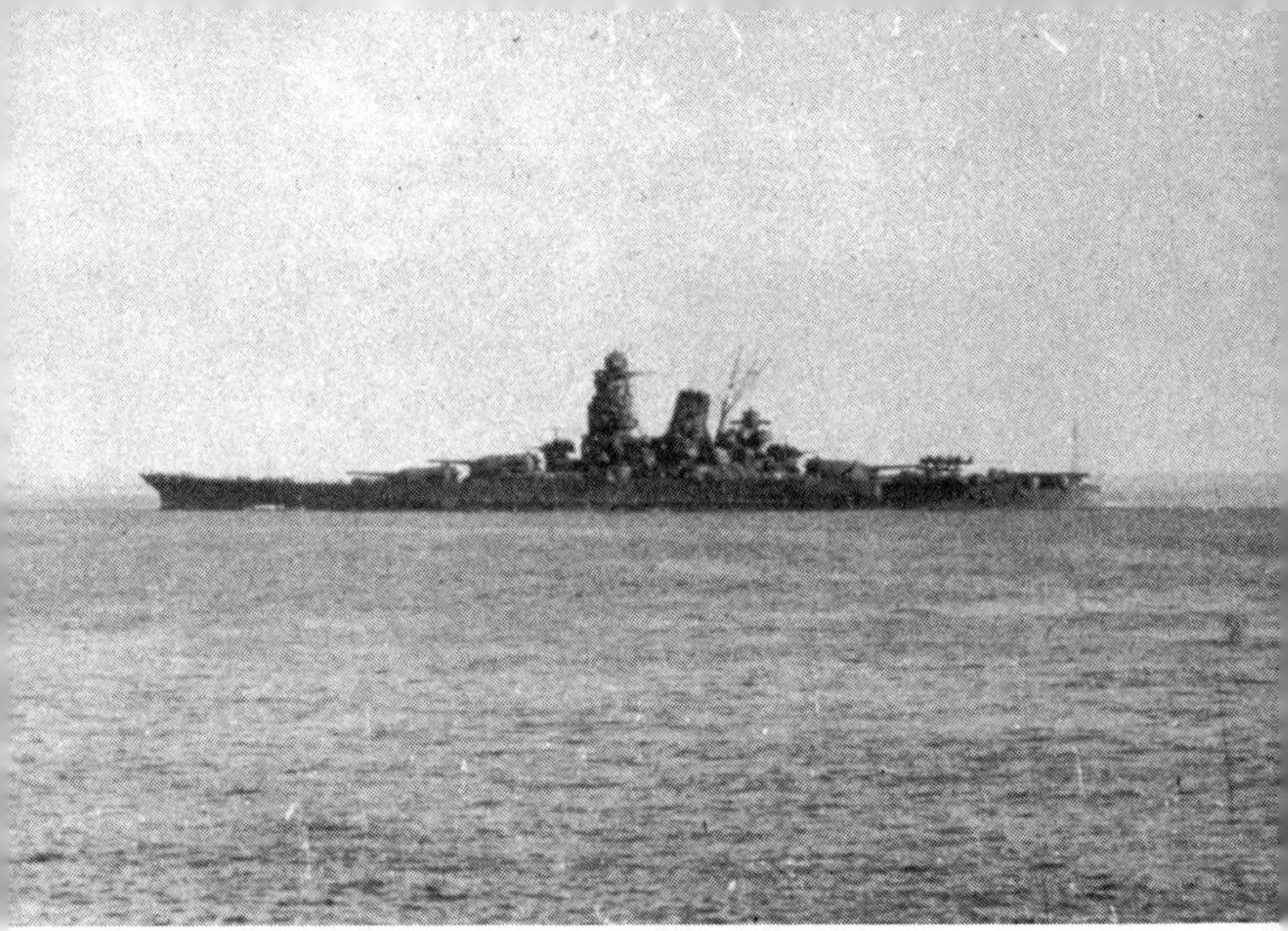

昭和19年10月22日朝、ブルネイを出撃、レイテ湾に向かう「武蔵」。後部主砲塔の後方には零式観測機3機が搭載されている。駆逐艦「磯風」水雷長白石東平大尉撮影

レイテ湾に向け速力18ノットで対潜警戒航行中の第一戦隊「大和」（右）と「武蔵」。駆逐艦「磯風」からの撮影

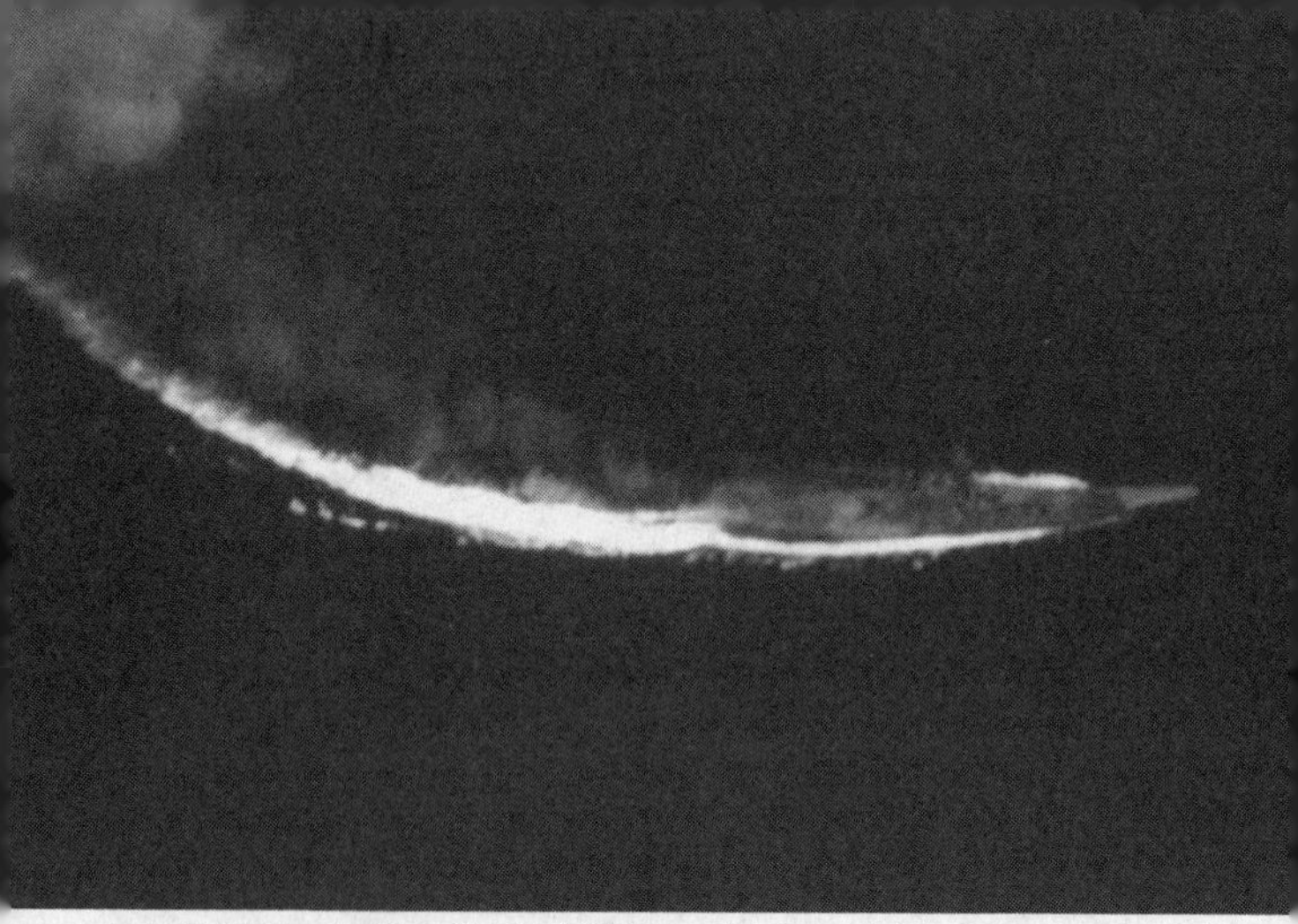

10月24日、シブヤン海で対空戦闘中の「大和」。米空母「イントレピッド」搭載機が撮影したもの。「大和」はこの日、五次にわたる空襲で直撃弾2発、至近弾5発を受けた

シブヤン海で対空戦闘中の「武蔵」。左舷後方に命中した魚雷の波紋が広がっている。左舷中央部の魚雷命中個所の破孔が白波を曳いているのが分かる

シブヤン島を背景に奮戦中の「武蔵」。舷側には前檣楼を凌ぐ高さの水柱が上がり、落下する海水の塊に露天甲板の特設機銃員は被害を受けた。煙突から上がる黒煙は、機関部の異変を意味する。直掩の駆逐艦は「清霜」

最期の時を迎えた「武蔵」。すべての注排水可能部は満水、左舷に約10度傾斜、艦首は沈下し、主砲塔前の上甲板最低部乾舷がかろうじて水面にのぞいている。日没の1時間余り後、「武蔵」は急激に傾斜、沈没した

主砲砲身を振り上げ、サマール島東岸を進撃する「大和」。護衛空母「カダシャン・ベイ」搭載機の撮影

サマール島東方海面の追撃戦。煙幕を展張して逃走中の米護衛空母「ガンビア・ベイ」が大口径砲の水柱に囲まれているが、「大和」の砲弾は命中しなかった。「大和」は護衛空母群との遭遇戦で主砲徹甲弾100発を発射している

10月25日、サマール沖で対空戦闘中の「大和」(下) と重巡洋艦「羽黒」。米護衛空母「ペトロフ・ベイ」搭載機が撮影

レイテ湾突入を放棄した「大和」を旗艦とする第一遊撃部隊は、避退行動中の10月26日、スル海北部クーヨー水道で米空母「ワスプ」搭載の急降下爆撃機 SB2C ヘルダイバーに襲われた。主砲塔に爆弾が命中した瞬間

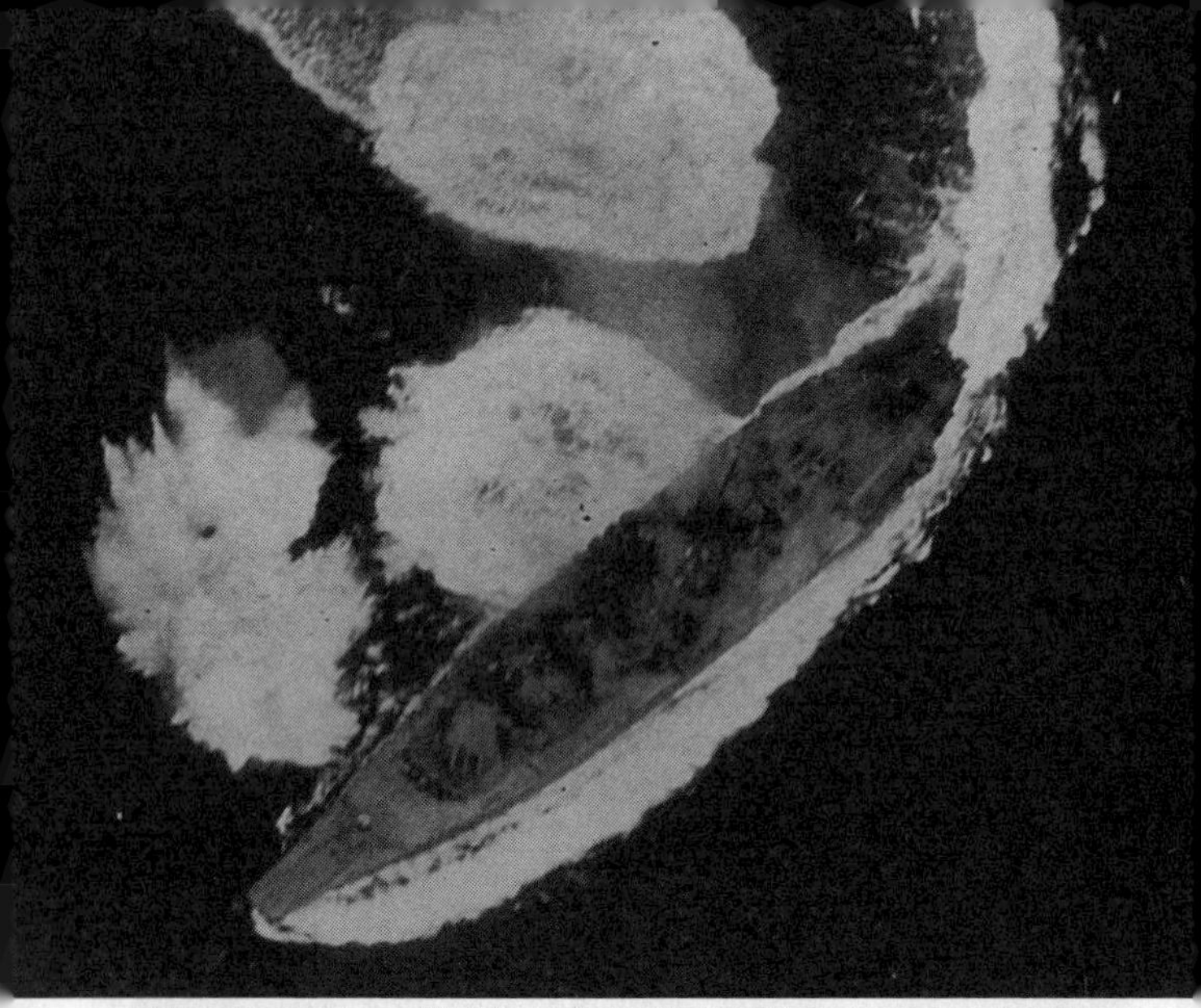

昭和20年3月19日、岩国沖の広島湾で対空戦闘中の「大和」。この爆撃で、方位盤の防振装置に不具合が起き、測距儀と共に陸揚げ修理が必要となった

東京湾で公試運転中の航空母艦「信濃」。大和型3番艦として起工されたが、ミッドウェー海戦の敗北後空母に改造された。就役10日後の昭和19年11月29日、処女航海で米潜水艦に雷撃され4本の魚雷が命中、沈没した

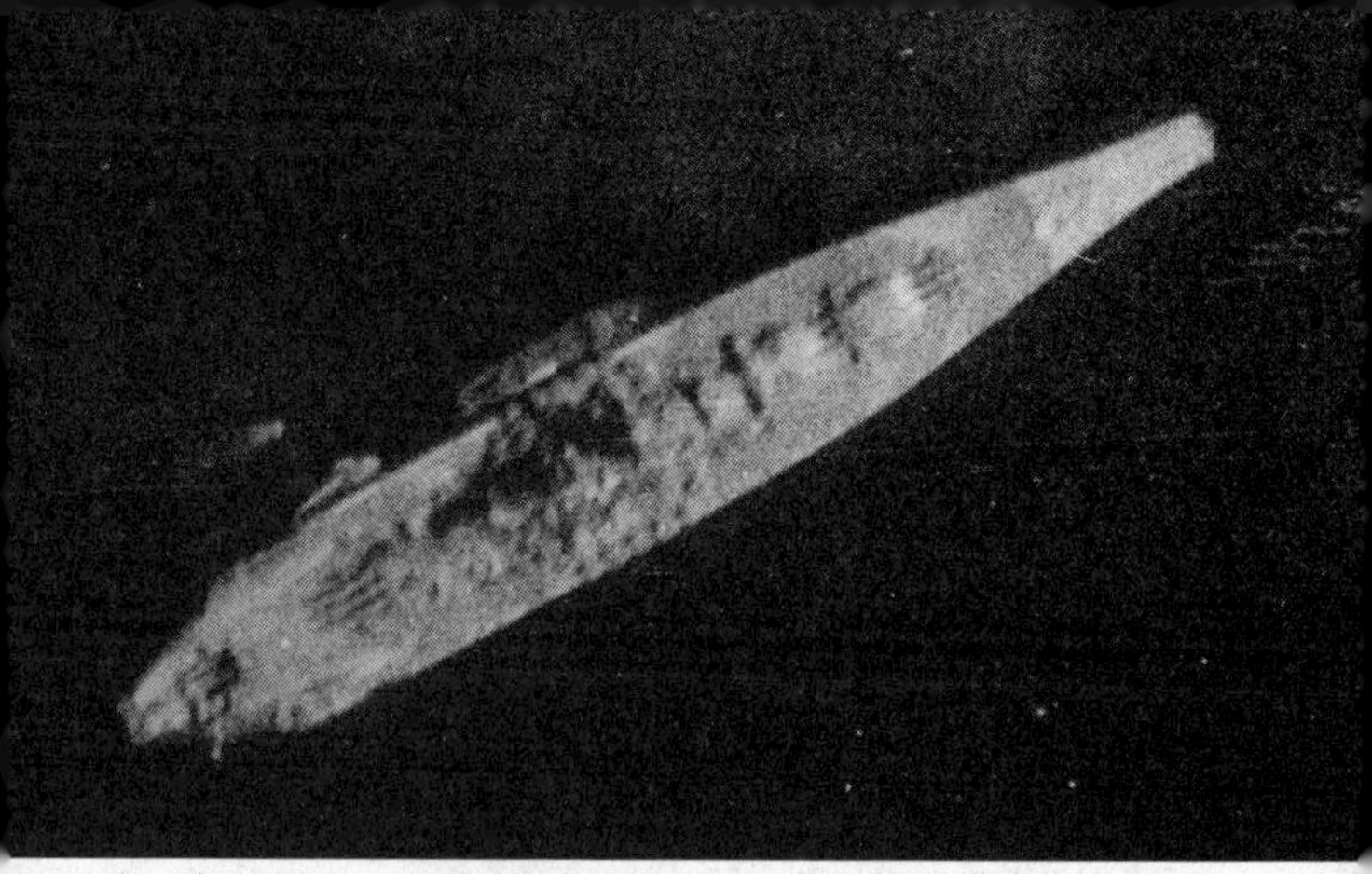

昭和20年4月6日、米偵察機が徳山沖で捉えた「大和」。沖縄水上特攻へ出撃当日、出撃準備中の姿。陸揚げ物品の搭載のため貨物船が横付けしている

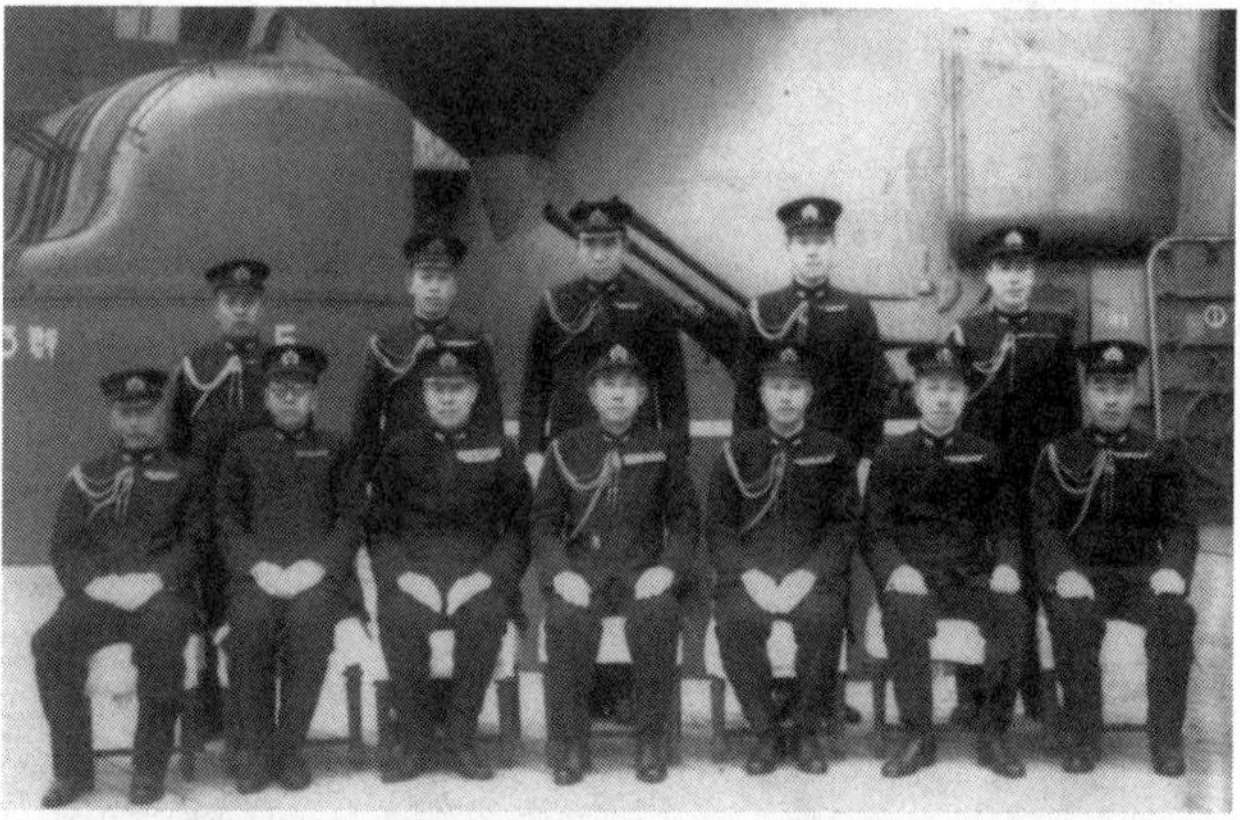

昭和20年1月、「大和」艦上で撮影された第二艦隊司令部。侍従武官差遣時の撮影で、前列左から首席参謀山本祐二大佐、艦隊主計長松谷大佐、司令長官伊藤整一中将、侍従武官中村俊久中将、参謀長森下信衛少将、艦隊軍医長寺門正文大佐、砲術参謀宮本鷹雄中佐。後列左から副官石田恒夫主計少佐、航空参謀伊藤素衛中佐、水雷参謀末次信義中佐、通信参謀小沢信彦少佐、機関参謀松岡茂機関中佐

4月7日、沖縄を目指す「大和」に米空母「ベニントン」所属の急降下爆撃機が襲いかかる。「大和」の中央部に爆弾が命中、爆煙が上がっている。爆弾投下後に急上昇する爆撃機の尾翼が写り込んでいる

有賀艦長の指揮で大きく面舵を切ってかろうじて命中弾を回避した「大和」。艦は左に大きく傾いており、後部は煙に覆われている

左舷へ大きく傾斜しながらも沖縄をめざして進む「大和」。後部に火災を生じているが、ある程度の速力を保ち、対空戦闘を継続している

速力が落ち、傾斜を深める「大和」（上）。煙突の後部付近から火炎が噴出している。直衛の防空駆逐艦「冬月」が後部10センチ高角砲を発砲した瞬間。

「大和」沈没時に上がったキノコ雲にも似た巨大な爆煙。近くの小型艦は、右から「冬月」「初霜」「霞」。「霞」は航行不能になっていた

戦艦「大和」全戦闘——目次

＊本書掲載の資料は、原則として旧字を新字に、旧仮名遣いを現代仮名遣いに、カタカナ表記をひらがな表記に改めた。

戦艦「大和」全戦闘

誕生から最期までの1200日

第一章　威風堂々、「大和」竣工

太平洋戦争の開戦

軍艦「大和」の竣工時期は、太平洋戦争の開戦に合わせた節があるといわれている。起工時（昭和十二年（一九三七）十一月四日）の計画では、完成予定は昭和十七年六月とされていた。しかし、国際情勢の緊迫化に伴って、四回に及ぶ前倒しがあった。一回目から三回目までは二カ月ずつ、最後の四回目は二週間で、海軍大臣の絶対命令によるものであった。そして、世界最大の艦載砲の最終領収発射が終了した翌日、開戦が伝えられたのである。

日本海軍は太平洋戦争開戦時、戦艦一〇隻、巡洋艦四四隻、航空母艦一〇隻をはじめとして、大小三九五隻の艦艇を有していた（開戦時の対米比率は六九・五パーセント）。

開戦後に竣工した艦艇を加えると、戦艦一二、巡洋艦五〇、航空母艦二五、そのほか合計一五八四隻（魚雷艇を含む）が戦争中の延べ戦力で、そのほかに特設艦船が約一四〇〇隻あった。終戦時に量産中だった「蛟竜《こうりゅう》」を含む特攻兵器を加えると、さらに多くの艦艇が戦争に参加したことになる。

日本海軍八〇年間の艦船保有数（延べ隻数）は、艦艇一五〇〇隻、魚雷艇六五〇艇、主な雑役船五七〇〇隻、特設艦船は約一七〇〇隻に及んでいるが、その頂点に立つのが「大和」型戦艦「大和」であった。

太平洋戦争は、昭和十六年四月から十二月までの八カ月にわたる日米交渉の決裂後に始まったが、結果的に、この交渉が日米間の開戦を誘発したともいわれている。そして、最大の問題点は、その経緯や折衝ではなく、交渉開始時の分裂外交にあった。

昭和十五年九月二十七日、第二次近衛文麿内閣（昭和十五年七月二十二日〜十六年七月十八日）は、南進政策と国民世論の後押し、そして、ドイツが開発した人造石油製法（装置の設計図も含む）の無条件譲渡という日本の強い希望もあって、日独伊三国同盟を締結した。ナチス・ドイツとの接近に徹底的に反対した米内光政、山本五十六、井上成美が、軍政の中枢から去って一年後のことである。

当時の外務大臣は松岡洋右、海軍次官は豊田貞次郎中将、軍令部総長は伏見宮博恭王元帥、次長は近藤信竹中将、第一部部長は宇垣纏少将、軍務局局長は阿部勝雄少将であった。

松岡外相の狙いは、日独伊三国同盟を成立させることによって、米国が第二次大戦の欧州戦線（一九三九年九月一日、ドイツがポーランドに侵攻し、同月三日にイギリスとフランスがドイツに宣戦布告）に参戦することを阻止することにあった。そして、欧州戦におけるドイツの勝利に期待をかけていた。一方、ドイツは、三国同盟によって米国の参戦をけん制するだけでなく、もし米国が参戦した場合は、日本を参戦させることで米戦力の大半を太平洋にくぎ付けにしようと考えていた。

この日独の方針に対して米国は、大統領以下、全閣僚が一致して、脅迫や威嚇には屈しない決意を表明した。

一九三九年（昭和十四）七月、ルーズヴェルト大統領は統合会議に新しい行政的権限を与え、陸海軍両長官の指導・監督下で、その役割を果たすよう指示した。これ以降、統合会議の戦略計画は、すべて大統領の戦略指令を基に立案されるようになる。

統合会議は、「日独伊の挑戦に対して独力で米大陸を防衛する戦略」を作成し、「新レインボー四号作戦」として大統領の承認を得た。

一九四〇年五月七日、年次演習を実施しハワイに移動していた米太平洋艦隊は、西海岸に帰投することなく、そのまま真珠湾軍港に常駐するよう命じられた。結果的に、この措置によって、聯合艦隊司令長官となった山本五十六大将のハワイ奇襲作戦が生まれることになる。

日本は、交渉で難航するのは中国駐兵の撤退問題と考えていたが、米国は、平和政策への踏み絵として三国同盟からの脱退を求め、日本を中国に張り付けることで国力を疲弊させ、南進を阻止しようとした。米国は、日中戦争が終結すると、日本軍が在中国部隊を南方に転用することを警戒していたのである。

昭和十六年七月十八日に第三次近衛内閣が成立し、外相には、前内閣の商工大臣だった豊田貞次郎海軍大将が任命された。枢軸同盟に賛成したといわれる豊田外相兼拓務大臣がドイツ大使に打電した、「日本にとって南進は生死の問題であるから一路邁《まい》進《しん》するが、これは米英に打撃を与え間接的にドイツを支援することになる」という極秘暗号電報の内容は、米軍に解読されて米政府の知るところとなっていた。

七月二十五日、米国は、「対敵通商法」を適用して、日本の外貨準備を根底から突き崩そうとした。

米国の対けん制策の狙いは、外交的圧力、戦争準備、経済制裁にあった。米軍指導者は、日本海軍が米国からの燃料輸入に依存していることが日本の最大の弱点と見なしていた。

　同月二十八日、日本軍は、フランス（ビシー政府）と共同防衛協定を締結して南部仏印に進駐し、航空基地八カ所とサイゴン、カムラン両海軍基地を手中にして南進態勢を固めた。この仏印進駐には、英国がビルマ・タイ米の日本への輸出を禁止した措置に対抗して、松岡洋右・アンリー（仏外相）協定で決められた仏印米年七〇トンの輸入が遅々として進まないので、これに軍事的圧力を加えて促進する、蘭印石油取得の道を開いて持久的態勢をとる、いよいよ万策尽きて対米開戦以外に道がなくなったときに備える、という三つの狙いがあった。

　松岡外相は「南部仏印に進出すれば戦争になる」として反対したが、陸海軍統帥部が押し切った。戦争遂行上、蘭印油田地帯を占領し確保することが不可欠であり、蘭印確保のためには、英国の本拠シンガポールをいち早く攻略しなければならない。

　南方施政を主導的に推進した政策母体は、石川信吾軍務局第二課課長がリードした第一委員会を中心とする海軍軍令部課長会議であり、永野総長ら首脳陣はその主張に追随した感がある。海軍は、すでに前年の十一月中旬には出師準備第一着作業（動員）に着手し、南方攻略作戦に備えて着々と戦時編成を整えていた。タイ・仏印に対する武力行使は、米国の対日全面禁輸を誘発し、ひいては米英との戦争を招きかねなかったが、大島浩駐独大使の「英国の屈服は間近い」という誤った情報にも影響されていた。

米国は、低オクタン価を含む石油の全面禁輸を断行し、在米日本資産（現金二億円と証券三億五〇〇〇万円）と在米日本生糸を凍結した。米政府は、この時点で対日開戦もやむを得ないと考えていたという。米海軍のスターク提督は、石油禁輸は戦争を意味すると語っていた。

米国は、日本の石油年間需要を四七〇万キロリットルと推定し、その一割も自国では生産できないから、石油禁輸は国家の存立を脅かすと考えた。昭和十六年七月の資産凍結時までに日本の積み出し得た量はわずかであった。八月以降、石油は一滴も輸入されず、八月一日時点での海軍の貯油量は約九四〇万キロリットルと推定された。石油禁輸の状態のままで日米交渉が決裂してしまえば、石油の欠乏から戦わずして白旗を掲げることになる。

日本にとって、石油の禁輸措置よりも打撃だったのが金融凍結であった。第二次大戦の勃発は、通貨の交換不能状態を生み、日本の通貨の流動性を失わせた。円は、大日本帝国の領土以外での支払い通貨としての機能を失った。米国は、日本を破産に追い込むためにあらゆる策を講じたのである。英国も直ちに米国に追随し、日本資産の凍結と日英、日印、および日緬（ビルマ）通商条約のすべての廃棄を通告した。さらに、蘭印も、日本資産凍結、対日貿易制限、石油協定停止を公表した。日本も直ちに報復し、米国資産三億円を凍結したが、ほとんど全世界的な規模の石油禁輸という事態に直面したのである。当時、日本は、製鉄に必要な年約二〇〇万トンのスクラップ（くず鉄）、ゴム、スズ、石油などの大部分を米国から輸入していた。日本は、その国との戦争を考えたのである。

十月十六日、第三次近衛内閣は総辞職し、二日後の十八日、陸海軍の協調を理由とする木戸幸一の強い推輓《すいばん》によって、東條英機内閣が発足した。東條大将は内務大臣と陸軍大臣を兼任し、外相には東郷茂徳モスクワ大使が起用されて拓務大臣を兼務した。

閣僚の顔触れは、大蔵大臣・加賀興宜、海軍大臣・嶋田繁太郎、司法大臣・岩村通世、文部大臣・橋田邦彦、農林大臣・井野頜哉、商工大臣・岸信介、逓信《ていしん》兼鉄道大臣・寺島健、厚生大臣・小泉親彦、大東亜大臣・青木一男、農商大臣・山崎達之輔、運輸通信大臣・八田嘉明であった。この内閣が成立してから五一日目に、さいは投げられるのである。

米国は、軍部（一夕会）の大勢力を背景に登場した東條内閣を戦争内閣として非難し、東京で暗躍していたソ連のスパイ尾崎秀実は、これで戦争になると判断した。

一方、日本の主戦論者は、海上輸送に対する米国の攻撃は致命的にはならず船舶事情が逼迫《ひっぱく》して作戦に支障を来すことはないし、欧州の戦局はドイツ優勢で推移するから、米国の対日攻勢は恐れるに足りずと判断していた。この二つの判断が、開戦を決意させたといわれている。また、開戦の可否を決することになる海上輸送の船舶事情の分析（図上演習）結果は、日本側が有利で米国が不利になるように、演習ルールやデータに作為があったという。この図演の結果が、企画院や参謀本部などに最高機密資料として報じられたのである。

昭和十六年十二月八日、日本は、米英両国に宣戦を布告して交戦状態に入った。オランダに対しては、蘭印を無血占領できることを期待して宣戦しなかったが、オランダの方が日本に宣戦布告した。

戦争が始まった朝、松岡元外相は、「日独伊三国同盟の締結は、私の一生の不覚だった」と言い、鈴木貫太郎内閣の外務大臣として終戦を準備することになる重光葵は、「いつ、どうやって、平和のチャンスをつかむかが問題だ」とつぶやいたという。この日は、欧州戦線において、ドイツ軍がモスクワ攻略に失敗した日でもあった。

関東軍参謀が開戦の一〇カ月前に入手した対ソ情報は、「日米戦争は不可避である。しかし、米国はまだ対日戦争の準備を完了していないから、今直ちに米国側から日本に戦争は挑まないだろう。米国は日米戦争勃発の場合は、ソ連を自国側に立たせて参戦させるよう盛んにソ連に働きかけているがソ連はこれに応じない。ソ連は日本が戦争で疲弊するのを待って参戦することになろう」というものであった。

前述したように、宣戦は米英（オーストラリア連邦、南アフリカ連邦、ニュージーランド、インドを含む）二カ国だけに行なわれたが、日本は、中立国（アフガニスタン、ポルトガル、スペイン、スウェーデン、スイス）と同盟関係にある国（ドイツ、ブルガリア、ハンガリー、ルーマニア）以外の、連合国四五カ国と敵対することになる。

大本営政府連絡会議は、今次戦争を「大東亜戦争」と呼称し、平時と戦時の法律的分界時期を十二月八日とする決定を下した。

すべてがけた外れの軍艦

十二月十六日、日本政府は物資統制令を公布したが、この日は、大本営が軍艦「大和」を第一戦隊に編入した日でもあった。

「大和」前甲板で祭事と授受式が行なわれ、呉工廠長・渋谷隆太郎中将から、艤装員長・高柳儀八海軍大佐に引き渡し書が手渡された。

竣工引き渡し式を終えた「大和」の艦尾旗竿《はたざお》に、海軍礼式第五七条による真紅の軍艦旗が掲揚された。軍艦旗（地色＝白、日章および光線＝紅色）は、航行、停泊を問わず、後部の旗竿に掲揚し、日没から翌朝八時までは降ろすのが通則とされていた。また、軍艦旗は、後檣縦（ガーフ＝小桁）帆架もしくは艦尾の旗竿に掲げて、これをもって在役艦であることを表す。戦闘中は、外檣頂に軍艦旗一旒《りゅう》を掲揚するのを例としていた。

「大和」は、艦隊区分＝聯合艦隊第一戦隊、軍隊区＝聯合艦隊主隊に編入され、全作戦の支援任務に就いた。艦隊区分とは、統率上の必要に応じて艦隊を区分することをいう。

艦隊編入の提出書類には、本籍鎮守府・呉鎮守府、信号符号「ＪＧＫＡ」、満載状態排水量七万一一〇〇トン、喫水一〇八メートル、速力二七ノット、航続距離七二〇〇海里（一六ノット）、二五ミリ三連装機銃八基、一三ミリ連装機銃二基、観測機六機、建造費・船殻二五〇〇万円、機関三五〇〇万円、兵装四〇〇〇万円、合計一億円といった内容が記載されていた。軍機事項記載の書類、要目簿、組み立て図などは、九七式金庫に納められた。

運用術提要によれば、当初は、長さ、重量などはすべて英式（呎《フィート》、吋《インチ》、听《ポンド》、噸《トン》など）を用いていたが、大正十五年（一九二六）から「メートル」式（米《メートル》、糎《センチ》、瓲《トン》など）が採用され、その後に計画された艦船にはすべて「メートル」式が適用されている。

戦艦、航空母艦、巡洋艦などは艦船の種別を示す呼称で、日本海軍の艦艇類別標準によれば、軍艦とは、最も大きく、優れた攻撃力と防御力を備え、艦隊の主力となって戦闘する「戦艦」、攻撃力では戦艦に及ばないが、速力が速く偵察、捜索、哨戒などの任務に従事する「巡洋艦」、もっぱら航空機を搭載する目的をもって設計され、かつ艦上に航空機が発着できる構造を有する「航空母艦」、水上機を多数搭載してこれを飛行・収容する「水上機母艦」、機雷を搭載してこれを敷設する「敷設艦」、潜水艦などに魚雷兵器そのほか必要なものを供給する「潜水母艦」、港湾防御の任務に従事する「海防艦」、人員、兵器、軍需品などを輸送する「輸送艦」、港湾、河川の警備にあたる「砲艦」、「練習戦艦」、「練習巡洋艦」の九種類となる。

軍艦には、艦首正面に帝国海軍の軍艦であることを証明する菊花紋章が取り付けられる。日本海軍菊花紋章は、明治三十一年（一八九八）六月二十日の官房二六二七号により、新造軍艦の艦首正面に金色（チーク材に金箔《きんぱく》を施す）で装着することになり、その形状と寸法は、海軍工廠長が建造のたびに定めて、海軍艦政本部長の承認を得ることとされた。慣習的に、戦艦、航空母艦、水上機母艦、潜水母艦が一・二メートル、ほかに一メートルと〇・八メートルのものがあり、一等巡洋艦は〇・八メートル、二等巡洋艦は〇・六メートルとなっていた。また、艦首、艦尾とも、そのほかの装飾は一切施さないことが定められていた。

「大和」の菊花紋章は直径一・五メートルで、靖国神社の神門扉に装着された菊の御紋章の寸法と同じである。

日本海軍の艦艇には、軍艦以外で菊花紋章が装着されない、船体は小さいが速力が最も速く、魚雷発射管および砲を備え、敵艦を襲撃し、敵潜水艦、敵駆逐艦を撃沈する「駆逐艦」、潜望鏡、魚雷発射管および砲を備え、主に水中を潜航して敵艦に近づき、魚雷を発射して攻撃する特殊な「潜水艦」、魚雷をもって敵を攻撃する「水雷艇」、掃海具および砲を備え、艦隊の前路または停泊地の掃海を行なう「掃海艇」、爆雷をもって敵潜水艦を攻撃する「駆潜艇」、機雷を敷設する「敷設艇」、「哨戒艇」などがある。特務艦には、艦船および兵器の修理を行なうために必要な設備を有する「工作艦」、人員および軍需品を輸送する「運送艦」、「砕氷艦」、「測量艦」、「練習特務艦」、「標的艦」などがある。

「大和」では、艦長・高柳儀八大佐、副長・梶原季義大佐以下、乗員二三〇〇名の補職が発令されて、それぞれ任務に就いた（今井賢二海軍中尉の記録によると、総定員は二二五〇名）。

艦と乗組員の命運を預かる最高責任者は艦長（大佐）であり、その補佐役として副長（大佐）がいた。乗組員は役割分担が決められていて、常務編成として、砲術科、航海科、通信科、水雷科、内務科、機関科、飛行科、整備科、医務科、主計科などがあり、さらに、所属の役割によって「分隊」が編成され、各分隊は「班」に分かれていた。分隊内の命令系統は、分隊長（大尉）↓分隊士（少尉）↓班長（上等兵曹）↓班員の順である。

戦時艦船大修理実施規程（昭和十八年〔一九四三〕六月七日内令兵一一四五号）により、施行時期（艦船竣工、または前回の特定修理、大修理、または戦時大修理実施後、左の年数に達したとき）は、戦艦四年、工事期間四カ月間、巡洋艦、航空母艦、水上機母艦、潜水母艦、敷設艦は三年、工事期間三カ月間となる。平時は、戦艦が五年、巡洋艦以下は四年であった。

洋上に浮かぶ「大和」を初めて見た者は、実に大きな戦艦であったので海上に浮かぶ大阪城や白鷺《しらさぎ》城を思い浮かべ、「あれが日本帝国海軍の最大の戦艦」と涙を流す者もいたという。

また、艦内に一歩足を踏み入れると、真っ先に目に入る艦橋付近から前甲板にかけて傾斜している甲板の広さ、三連装砲塔の大きさ、砲身の太さ・長さ、はたしてこの砲塔が動き、砲身が俯仰《ふぎょう》できるのだろうかと思うほど巨大で、まるで海上に浮かんだ建造物のような印象を受ける。一度「大和」に入った者は、誰一人としてこの巨艦が沈むとは思わなかったという。従来の軍艦とは、何もかもがけた外れだったのである。既存戦艦である公試排水量三万九〇〇〇トンの「扶桑」型「山城」や四万三〇〇〇トンの「長門」型「陸奥」の大きさに対する感覚では測りきれず、海軍軍人にとって巨大な艦に乗り組んだことを実感させた。艦内の居住区で迷ってしまうと、一度露天甲板に出ないと自分の分隊居住区に戻れないほどの広さであった。

幅二メートルのリノリウム張りの通路は美しく磨き上げられ、その両側に士官私室が並ぶ。二段ベッド二人部屋の士官室にはシャンデリアが輝き、前部右舷上・中甲板は一流ホテルのロビー並みであった。運用術には、「みだりに将官室、艦長室の上を徘徊《はいかい》すべからず」と記してあった。兵員室も明るくて広い。個人用ロッカーが整然と並んでいて、寝具は水兵長以上は組み立て式ベッドだった。

艦内照明は、艦船本部第三部から呉工廠電気部にあてた図面には、現在の蛍光灯にあたる東芝が開発した衝撃に強い昼光放電灯を優先的に使用するよう記されている。『沈みゆく信濃』（諏訪繁治著・国際民鐘社）のなかに、「第一受信室の電話室を囲んでいる白一色の鉄壁に、昼光放電管の薄紫の蛍光が淡い和らかな光を投げ、一見銀座の裏通り辺りに見受けられる、小さな喫茶店を思わせるものがあった」という記述があるので、「大和」の艦内も同様であったと思われる。電気は兵装であって、一個の電球でも兵器として区分された。

艦内に装備される電灯は、場所により灯箱および覆ガラスを有し、一部には灯火管制用として青色あるいは紫色の覆ガラスを使用した。将官公室、士官室、士官次室および准士官室などの公室には六〇ワットから一五〇ワットの特殊天井灯、私室用側壁部にはブラケット灯が、通路や兵員室などの隔壁には隔壁灯、弾薬庫専用のものは隔壁灯型およびペンダント灯型で、覆いを開くと自動的に電路が開く仕組みになっていた。

機関科各室、倉庫、そのほか比較的狭い場所を移動する際には手提灯《てぢょうちん》が使用され、甲板、機関室といった広い場所には事業灯（単灯と六個付灯あり）が装備された。各公室、私室、事務室、倉庫などの机上照明用には、燭台灯《しょくだい》が用いられた。

前甲板は、艦首部から下がるように傾斜して真ん中から高くなるという独特のデッキ・ラインで、乗組員はこの前甲板の傾斜部を「大和坂」と呼んだ。この傾斜部分は、重量軽減、艦の重心、そして綾波性向上とトリム（前部水線下損傷時の浸水）に深く関係していた。

最上甲板には、採光および通風のために、上部に真ちゅうの格子を有する天窓（Sky light）とはめ込み式の厚いガラス窓が設けられている。

露天甲板などの周辺には、鉄柱（Rail stanchion）に鉄の鎖を通した起倒式の手すり（Hand rail）が設置され、舷側周囲には、舷外消磁電路が装着されていた。

上部構造物はコンパクトにまとめられ、三連装機銃（爆風よけ盾付き）が、前艦橋基部と後檣の左右舷に各二基計八基二四挺、連装高角砲（爆風よけ盾付き）が煙突の位置する中央構造部の左右舷に各三基計六基一二門装備されていた。「大和」型戦艦の対空兵装が少ないのは、主砲の爆風の影響を受けない適当な装備位置があまりなかったからである。

そして、制空権下の艦隊決戦で弾着観測に使用する艦載機（定数六機）と、上陸時や他艦との連絡、雑作業用の艦載艇（合計一六隻）は、主砲の爆風にさらされないようにすべて艦内に格納された。

零式観測機の発艦には、上甲板の艦尾両舷に設置された呉式二号射出機五型（射出能力＝四五〇〇キロ）が用いられる。中心線より四〇センチ右舷寄りに高さ一六・五メートルの空中線支柱が設置され、その基部に据えられた起倒式六トン級ジブ・クレーン（長さ一九・五メートル）で観測機の揚収を行なう。

起倒式ジブ・クレーンは、最大使用半径二〇メートル、最小使用半径八メートルの能力があり、巻き揚げ、俯仰および起倒、旋回用二式旋回盤三基の電動機で構成されていた。

「大和」の雄姿　艦首部～露天甲板

艦首の前端部には、帝国軍艦および練習特務艦に付される黄色の菊の御紋章が装着されている。

艦首部先端には、艦首旗竿（基部と張線）、曳《ひき》索、係留索などを、舷外より甲板上に導くための受金である艦首索道（Deck chock）が左右にある。ころを有するものはころ索道（roller fair leader）と称する。

その少し後方、前甲板錨孔付近の両舷には、錨作業あるいは係留作業中に舷外の錨や錨鎖などの状態を把握できるように、錨見台が設けられている。

錨鎖を舷外より前甲板に導くために、艦首付近両側には斜めにあけた円孔（Hose

pipe）と鋼筒をはめ入れる錨孔（Hawser hole）があり、錨（Anchor）が錨鎖あるいは錨索に連結している。

二個の主錨（Bower anchor）の重量はそれぞれ一二トン、艦尾付近には重量八トンの副錨（Sheet anchor）が一個ある。ちなみに、「陸奥」の主錨は八・五トンである。錨にはこのほかに中錨（Stream anchor）、小錨（Kedge anchor）があり、形状によって、山字錨、十山字錨、十字錨の別があった。

錨に連結する錨鎖（Chain cable または cable）には、鐶《かん》柱の有無で有鐶柱鉄鎖（Studded chain）と無鐶柱鉄鎖（Studless chain）がある。錨鎖の環は一つの長さが二五メートルで、各部は接続鉄架（Joinning shankle）で連結されていた。

艦首部から二六メートル付近には揚錨装置（Capstan）があり、錨鎖もしくは鋼索の巻き揚げ作業に用いる。一般に、揚錨（Cable）または鋼（Wire）を巻く錨鎖車（Cable Holder）、車地（Capstan）、原動機である揚錨機械（Capstan Engine）の三つの部分で構成されている。そして、揚錨機械の動力を錨鎖車および車地に伝える装置は、滑り止めが施されている錨鎖甲板に置かれている。揚錨機は、錨の重量×六の荷重を、毎分約九メートル引き揚げる力量がある。

艦首部から二四メートル付近の露天甲板の舷側には、短い鉄柱で大索を巻き止める

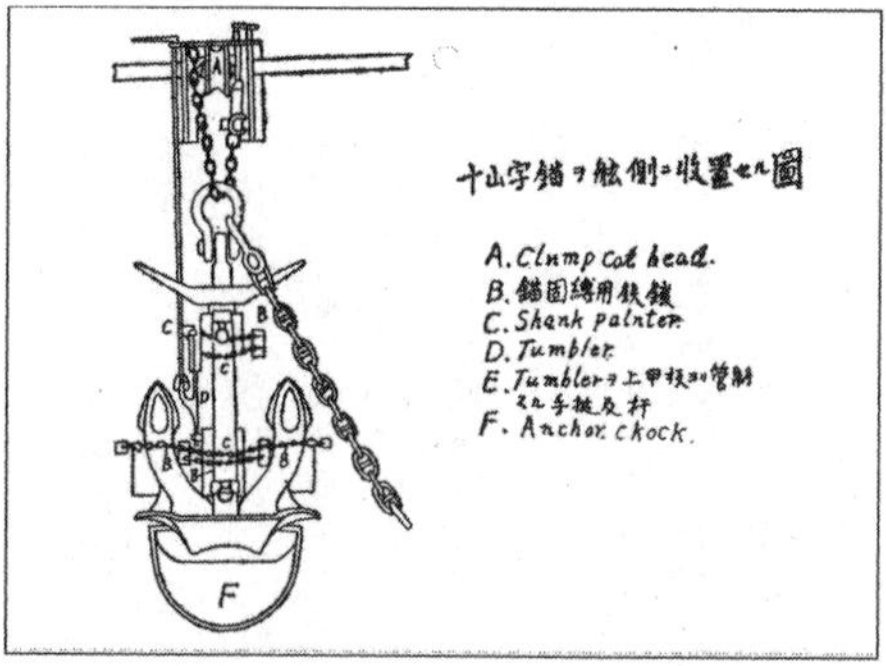

舷側に収置する十山字錨

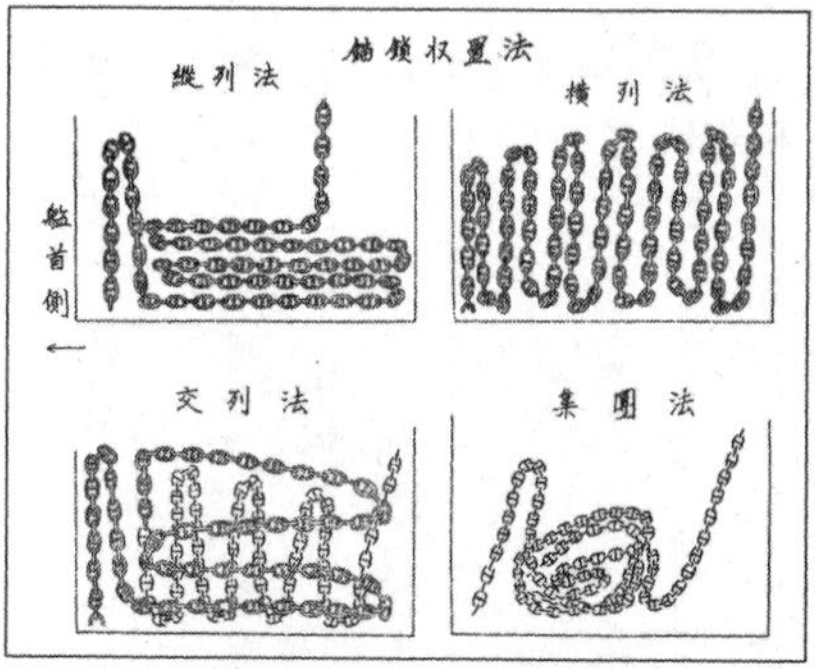

錨鎖の収置法

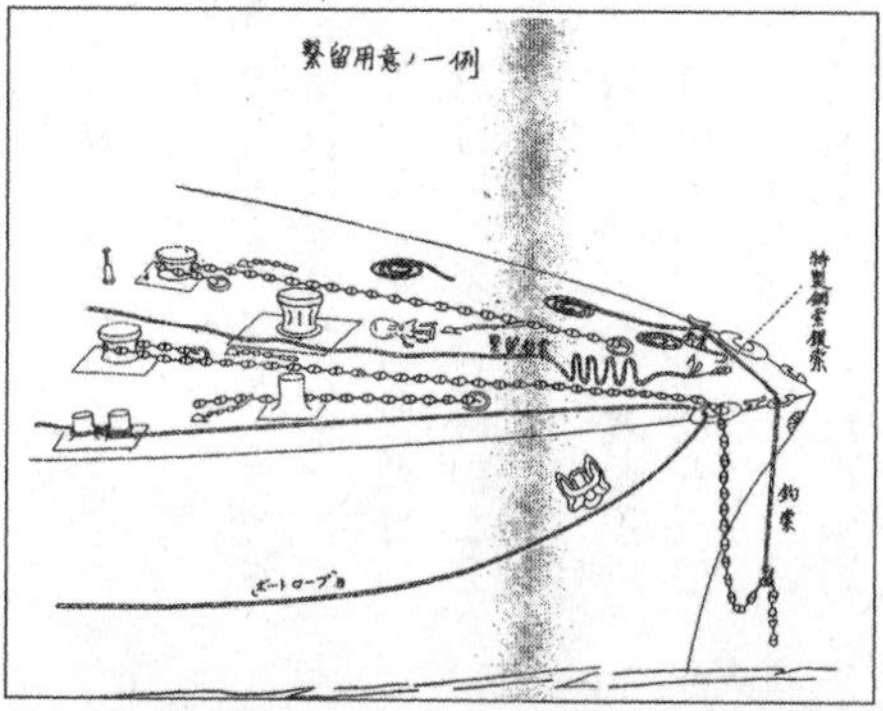

係留用意の一例。「大和」型戦艦の軍港入港時のブイ係留は、艦長の腕の見せどころである。約4キロ前で減速、ブイから2キロで停止し、風と潮の流れに留意しながらブイに近づき、500メートル手前で後進微速から後進半速へと機械を反転して惰力を止め、錨鎖孔をブイの直上にもっていく。導索をブイに取り付けて引き付け、垂れている錨鎖をシャックルでブイにつなぐ

のに用いる係柱（Bitt）が直立している。係柱が二個あるものを双係柱（Bollardhead）と称する。

内側が通風口になっている号令台の左側に、はしごを備えた昇降口（Hatch）がある。荷物の揚げ降ろしに便利なように最上甲板から六層ある甲板にそれぞれ真っすぐに昇降口が設けられ、ふたを開けると下まで見通せるようになっていた。昇降口は、装備位置や使用区分によって、上甲板第一昇降口、第二缶室昇降口、艦長昇降口などと称する。

運用術には、「教練または公務上至急を要する場合を除く外は、将官室、艦長室の階梯は艦長以上でなければ昇降するな」とある。昇降口の幅は階梯の幅より約一五〇ミリ広くし、露天甲板以上の昇降口のふたは艦首方向に開くのを原則としていた。昇降口や天窓などを開いた際に甲板から水が流入するのを防ぐために、これらの周囲には縁材（Coaming）が施されていた。

艦首部から六四メートル付近には波よけ板があり、パイプ状の天幕支柱の格納筒を兼ねていた。最上甲板には、天幕を張って打ち合わせができるように、左右舷側に起倒式の天幕支柱が設置されている。天幕は三〇〇人を収容でき、設営の際には、甲板士官が指揮して第一分隊が展張し、保管は第二分隊が担当した。

前方には鋼索、麻索などを捲収《けんしゅう》するのに使用する絡車（Reel）が五個設置され、内側には居住区や冷暖房用などに空気を流通させるために露天甲板などに設ける荒天通風筒（Ventilater）が二個あった。ここで、錨鎖甲板と木甲板が区切られている。境の鉄飯は、白く縁取りされている。分隊供用甲板用具には、鎖ストッパー、東環索、鋼索環索、普絞轆《ふこうろく》（大）、鉤通索《こうつうさく》、導滑車鉤が納められている。

露天甲板上の通風管の頭部は、砲の旋回や爆風を考慮して集約されるとともに、船殻構造の一部として頑丈で大型のものとされた。また、通風管の頭部には「ボラード」や「ホースパイプ」廊室などが利用されたため、露天甲板上は従来になくすっきりとしている。給気頭部は艦首方向に開口し、排気頭部は艦尾方向に開口する。

「大和」の雄姿　一番主砲〜中部甲板

艦首部から八〇メートル付近の最も低い所に、砲側照準用一五メートル測距儀をもつ一番主砲（海面からの高さ九・三八メートル）がある。直径一二・二七四メートルのローラーパス（旋回盤が載っている部分）を備えた一番主砲塔の前盾から、重量一六五トン、砲身長約二一メートルの主砲三門が空をにらんでいる。腟面《とうめん》直径四六センチ砲身の三連装砲のローラーパスの直径は、腟面四一センチ砲身の二連装砲のそれの一・五倍もあった。砲身基部には、外腓砲取り付け金具、キャンパスとその受台、砲塔の上部には潜望鏡式観測鏡が装備されている。

「大和」型戦艦には、軍艦の玄関口である舷門が、両舷にそれぞれ二つある。舷門に設けられた木製はしごで乗組員が出入りする舷梯《げんてい》（Gangway ladder）は、海面から最上甲板までの高さの中間に踊り場がある二段式になっている。右舷側は士官室士官以上用舷門（右《う》舷《げん》舷梯）、左舷側は士官次室士官以下兵員用舷門（左《さ》舷《げん》舷梯）で、舷梯の上り下りは駆け足でやる。舷梯には握索（Man rope）、舷梯付近の舷側にはつかまり綱（Guess Rope）を取り付けることもある。

艦の中央部より前方を総称して前部（Fore−part）、艦の中央付近を総称して中部（Midship−part）、艦の中央部より後方を総称して後部（After−part）、艦首に向かって船体の中心線より右を右舷《みぎげん》（Starboard）、その側方を右舷側（Starboard side）、右舷の反対を左舷《ひだりげん》（Port）、その側方を左舷側（Port side）という。

一番砲塔の後方には、同じく一五メートル測距儀をもつ二番三連装主砲塔（海面からの高さ二一・五三メートル）と、八メートル測距儀をもつ一番副砲塔（三年式六〇口径三連装一五・五センチ）が据えられている。一番主砲と二番主砲との高さの差をできるだけ小さくするために、二番主砲塔の砲身は格納する際には仰角約一〇度がかけられる。

中部甲板両舷には、射界を広くとった八メートル測距儀をもつ二番、三番副砲が搭載されている。副砲は、ロンドン軍縮条約の制約による重巡洋艦不足を補い、列強の八インチ砲に対抗するために開発された、「最上」型巡洋艦の三年式六〇口径一五・五センチ砲三連装砲塔日本初の三連装砲塔）を改造したもので、砲室を防熱板で覆い、八メートル測距儀をやや前方に装備し、九二式射撃盤改一によって制御される。

一五・五センチ砲身（塘面直径一五五ミリ）は、型I、重量一二・七トン、尾栓式三年式、腟内形状の薬室容積三八・〇立方メートル、弾程八・一七二メートル、断面積一九四平方デシメートル、旋条型は平、纒度《てんど》二八口径、深さ一八〇ミリ、旋条数四〇個であった。

無条約時代に入ると、「最上」型の主砲は陸揚げされて二〇センチ三連装砲塔に換装された。この砲塔は、照準用の八メートル測距儀を後端上方に装備し、二・五センチ厚の装甲で防御を強化されており、固定装塡七度、仰角は対空射撃が可能な五五度だった。

使用弾丸には、全長六七三・五ミリの九一式徹甲弾、零式通常弾、対潜弾、照明弾、煙弾があった。砲身構成は、層成式砲口一層、砲尾二層内筒自緊式、命数三〇〇発であった。

艦載砲番号付与に関する艦内主要の兵器、機関、船具の番号称号ならびに甲板内外舷などの受け持ちおよび食卓寝所などに関する規定は、艦の首尾線上に一基（門）以上の砲塔を有するとともに舷側にも一基（門）以上の同種砲塔砲（同種砲）を有し、しかも、舷側砲塔（砲）が左右舷ほとんど対照の位置にあるときは、右舷砲塔（砲）に奇数番号を、左舷砲塔（砲）に偶数番号を付与するものとするとしていた。

一番副砲塔の背面には防雷具二基が置かれ、その下部には気象室と旗庫があった。副砲塔の両側は、缶室の排気口になっていた。

前艦橋付近の前甲板両舷には、測鉛を投下して水深を測るための投鉛台（Leadsman's platform）が設置されている。構造は錨台と同じ折り畳み式で、軽目孔の鉄板が用いられていた。

「大和」の雄姿　艦橋

舷梯を駆け上がって舷門に立つと、圧倒的な量感をもつ二番主砲塔、その上に一番副砲塔、そして、覆いかぶさるように、完全な塔式構造の艦橋がそびえている。上部には世界最大の一五メートル測距儀が載り、その測的所の上部に、トップと呼ばれる日本海軍が誇る対機銃弾防御を施した主砲射撃指揮所がある。

九八式方位盤照準装置改一を内蔵する主砲前部指揮所の床の高さは、海面から三八・四メートルある。主砲九門の照準のやり方には、方位盤射撃装置を使用して照準発射を行なう方位盤照準、直接目標に対して行なう方位盤照準または砲側照準直接照準、見えない目標に対して照準線を指向する間接射撃の際に行なう方位盤照準または砲側照準間接照準がある。対空戦闘のときには、前部六門と後部三門を分火指揮することになっていた。

基線長一五メートル測距儀は、従来の正分像合致式に加えて、遠距離水平線上の垂直部の短い目標に対する測距に適した倒像立体視式（ステレオ・インベルト）が追加されて、三重構造になっていた。本測距儀は、動揺安定ジャイロが採用され、防振架台に取り付けられて、測距が容易になっていた。本測距儀には、中央測的所があり、測的長以下、内外角判定員三名、旋回手用双眼望遠鏡を備えていて、三六〇度独立旋回が可能であった。

一五メートル測距儀の開発は、昭和十年（一九三五）八月から、試作光三九式分像立体合致式二重一五メートル測距儀として、後部艦橋用一〇メートル測距儀とともに、横須賀工廠光学実験部で着手され、従来よりも遠距離水平線上の短い垂直部の測距に適した倒像立体視式が採用された。海軍は、研究、実験、試作のみを担当し、製造は全面的に日本光学工業(株)に委託しており、同社は津田山工場を新設して一五メートル測距儀の製造を開始した。光学兵器は、日本の誇るレンズ工学の産物であった。

一五メートル測距儀塔の下は防空指揮所で、対空戦闘の際は艦長がここで指揮を執る。前後部に計一六基の双眼望遠鏡があり、見張り長の指揮下、見張り員は、速やかに物標を発見・識別し、その動静を把握し、戦闘・保安の要求に即応する。判定法として、報告の順序、物標名および数、方向角、高角(飛行機の場合)、距離、動静(方向角、傾角、同航、反航)などが決められていた。

見張りには、水平見張りと水平線中距離見張り、近距離見張り、対潜見張りなどがあり、見張り所番号が決められている。見張り所は、対水上艦船用上部、下部、後部見張り所、対航空機用上空見張り所が、高角砲指揮所付近に設けられた。眼鏡の視野、視遠距離表(眼高による水平線までの距離)により分担見張り(与えられた見張り角度)が決まり、指揮官の指示による見張りを自由見張りと呼んでいた。

視認度(夜間および視界不良なるとき)は、ぼうっとしてはいるが何物かの所在が認められるときは視認度一、ぼんやりと船であることが識別できるときは視認度二、おおむね船型を判定できるときは視認度三、船型を確認できるときは視認度四として区分した。

眼鏡内捜索法は、一〇〇〇分の一分画となる一〇〇〇メートルの距離において、一メートルのものを挟む実角度を単位とする目盛りを基準としていた。眼の順応は、一五分で九〇パーセントの回復、完全なる順応には五〇分以上かかるとされていた。

防空指揮所の一段下には、海面からの眼高三四・三メートルの促流飯に囲まれた昼戦艦橋（第一艦橋）、その下方に作戦室と伝令室甲板、海面上二九・五メートルの両舷に副砲指揮所、その側面に一三ミリ連装機銃が艦橋防御用に装備されている。中段両側の九三式一三ミリ機銃は、口径一三ミリ、銃身長一〇〇〇ミリ、初速八〇〇メートル／秒、発射速度四五〇発／分、弾量五二グラム、銃架は二連装、照準器環式およびL・P・R式、銃架三一三キロである。

昼戦艦橋の左右の張り出しには、双眼鏡が備えられた見張り方向盤が装備され、所要方向に旋回・俯仰するとともに、目標を発見した場合は、同受信器により、艦橋、司令所、射撃指揮所などの所要個所に、双眼鏡の指向方向を伝達することができた。

そして、海面から二五・七メートルに第二艦橋である羅針艦橋（夜戦艦橋）、基部には海面から一九・三メートルに司令塔がある。頑丈なアーマー（五〇〇ミリ厚VH甲鈑）で防御された司令塔内には、操舵室、防御指揮所、予備主砲指揮所がある。

中甲板から第一艦橋まで一三階の前橋楼内には、四人前後が乗れるエレベーター（三菱電機製）が連絡用に設置されていた。各階は「作戦室」、「指揮所」といったように表示されている。戦時には一三ミリ機銃用の給弾薬や傷兵などの運搬にも利用されるので、昇降の速度は相当に速かったといわれている。平時は原則として幹部（司令長官、艦長、砲術長など）以外は乗ることができず、射撃指揮所の担当に限って緊急時に使用した。

「武蔵」に天皇の来観を仰いだ時には、聯合艦隊司令長官・古賀峯一大将がエレベーターボーイを務め、聯合艦隊参謀・土肥一夫中佐が、古賀長官に一夜漬けで操作を教えたという。

なお、艦橋に階梯が二つある場合は、右舷階梯は士官室士官以上でなければ昇降できなかったが、教練もしくは至急を要する場合はこの限りではなかった。

「大和」の雄姿　中部甲板～艦尾部

一二個ある本缶の煙路を一本にまとめていた煙突は、前橋楼に対する熱煙の影響を避けるために後方に大きく傾斜している。

蒸気捨管、排煙整流板をもち、維持索付き巨大煙突のある中央基部には、九六式探照灯管制器一型付きの艦船用では世界一の九六式一五〇センチ探照灯一型八基と、対空火器である八九式四〇口径一二・七センチ連装高角砲（射撃制限付き、昭和三年に設計に着手し六年に連続発射試験に成功）が両舷各三基、計六基（一二門）装備されている。

探照灯は、二本の炭棒を接触させて強い電流を通し少し離すとその間に強い電光が出る。これを弧光といい、この電光を反射鏡の作用によって一方向に集束・射出して遠方を照らす。敵艦艇、航空機への照射、港湾の警戒、敵情の探知および遠距離の信号に用いる。管制器は、灯測より離れた位置で探照灯を操作する装置である。

四〇口径一二・七センチ砲身（腔面直径一二七ミリ）は、型Ⅰ、重量三・一キロ、尾栓式八九式、腔内形状は、薬室容積九・〇立方メートル、弾程四・五五メートル、断面積一・三〇平方デシメートル、旋条型は平、纏度《てんど》二八口径、深さ一・五二ミリ、旋条数三六個、単肉砲身が水圧加圧のもの（装砲架用）であった。四〇口径八九式一二・七センチ高角砲と四〇口径八九式一二・七センチ連装高角砲架は、昭和七年二月六日に兵器に採用されている。

極度に短い射撃時間内で有効な射撃を期待される対航空機射撃用の指揮装置は、九四式高射装置と呼ばれ、照準装置（高射機）と計算装置（高射射撃盤）の二つで構成されている。重要な計算機構は、艦内の水線下にある発令所に装備されていた。

艦政本部・小林秀男中佐と木下繁雄中佐の指令によって日本光学（株）で試作、研究、開発された九四式高射装置は、対空射撃を主目的（水上射撃も可能）とする高角砲射撃指揮装置で、測距上下左右照準を基として、砲身に与える仰角、旋回角、信管分割を機械的に計算し、電気装置によってこれを連続して砲側に伝え、高射機で引き金を引いて各砲を発砲させる。

「大和」は新造時は、九四式高射装置二基で一基当たり連装高角砲三基六門（計六基一二門）を管制したが、連装高角砲が一二基二四門になると、後部の一五〇センチ探照灯（七番と八番）を撤去して、その跡に九四式高射装置二基（三番と四番）を増備した。

右舷一番九四式高射装置が、一番、三番、七番連装高角砲六門を、三番九四式高射装置が五番、九番、一一番連装高角砲六門を、そして、左舷二番高射装置が、二番、四番、八番連装高角砲六門を、四番高射装置が六番、一〇番、一二番連装高角砲六門を管制する。

煙突中央両側に五番（右舷側）と六番（左舷側）の九五式機銃射撃装置（富士電機製

造、捷《しょう》一号作戦時に七番と八番に変更）があり、後部艦橋両舷の五番（改装後は一三番）と七番（改装後は一番）の三連装機銃（右）を管制していた。九四式高射装置と九五式機銃射撃装置は、昭和十二年一月七日に兵器に採用されている。

九六式二五ミリ機銃は、ガス作動式、俯仰マイナス一五度〜八〇度、照準器に環式およびL・P・R式、口径二五ミリ、銃身長一五〇〇ミリ、初速九〇〇メートル／秒、発射速度二二〇発／分、弾量二五〇グラム、銃架は三連装、膅軸高九二〇ミリ、機銃長二四〇〇ミリ、機銃重量一一五キロ、総架重量一八〇〇キロだった。機銃は保社製、銃架は国産で、機銃射撃装置付き九六式二五ミリ三連装機銃二型と呼称され。曳跟通常弾＝赤、焼夷弾《しょういだん》＝緑、徹甲弾＝白または黒、曳跟弾《えいこん》改一＝赤、照明弾＝黒であった。

煙突と煙路には、大落角弾となる徹甲弾の防御用として、日本海軍が新たに考案した蜂《はち》の巣甲鈑が採用されている。後檣マストは、無線空中線の有効長を増すために後方に傾斜している。無線アンテナ用のみ、および円材の重量は五五トン、静索と動索で五〇トンある。

空中線（Air wire または antenna）は、前後檣の桁《けた》間、または桁と甲板の間に展張する無線電信電話発受信用の銅線（配線、がいし、引き込み位置、引き込み筒）で構成され、受信関係が二四本、電話関係が六本、送信機関係が一六本あった。舷側にある筒は、灰棄筒と呼称された。

基部に大型排気筒をもつ後艦橋頂部には、主砲予備指揮所、その下には一〇メートル測距儀が装備され、その下部の両舷には、前艦橋と同様に副砲射撃指揮所が備えられている。

そして、三番主砲塔と後部四番副砲塔（改装後は二番）が、後方ににらみを利かしていた。三番主砲塔の下部の給薬室下に、推進器（スクリュー）の主軸四本が通っている。

機関科・機関長の指揮のもと、第一六分隊の本機械と第一七分隊の缶が四つの分掌区に分かれて、四軸のスクリューを回転させる。第一分掌区は、右舷内側の第一本機械室のタービンと、第一、第五、第九缶室で右舷内軸の第一スクリューを、第二分掌区は左舷内軸の第二スクリュー、第三分掌区は右舷外軸の第三スクリュー、第四分掌区は、第四本機械室のタービンと第四、第八、第一二缶室で左舷外軸の第四スクリューを回す。缶室一個につき、班長、焚火員《ふんか》、給油員、通風員、給水員、伝令員の計一二人編成である。また、機関科が、燃料の重油消費量と真水の管理を行なった。

三番主砲塔の後方には飛行機整備甲板（鋼索などを鉤する眼鏡と輪鐶付き鈑床）が広

がり、飛行機運搬台車、二本の搭載機運搬用軌条と旋回盤が設置されている。零式観測機の整備は、飛行甲板上で操縦かんを動かして、方向舵のワイヤー、機体下の爆弾投下装置などを点検する。

零式観測機の要目は、全長九・五メートル、全幅一一メートル（翼折り畳み時五・三メートル）、全重量二五五〇キロ、最大時速三七〇キロである。

飛行甲板は、一段下の上甲板である艦尾よりも張り出していた。艦尾甲板には、飛行機格納用の縦一〇メートル、横一二メートルの基底が中甲板に達する開口部があり、飛行科員は左舷寄りに設置されたラッタルで上り下りする。なお、第二〇分隊は、飛行科と整備科であった。

常用機定数六機と予備機の零式観測機が格納される格納庫の扉は、分厚い鉄製で観音開きになっている。エンジンの整備は、機体から取り外したエンジンを、艦尾に装備されている力量六トンのジブ・クレーンでつり下げて格納庫の鉄扉の前の整備机に降ろし、洗油を使ってブラシで各部を洗浄する。

零式観測機は、飛行甲板からクレーンで大型射出機呉式二号射出機五型の所定位置に運ばれ、「観測機、射出用意！」の号令でプロペラが回され、整備完了の合図である赤旗が揚がると、火薬の発射音が響いて、機体は少し沈み込んで一気に発進する。

この射出機は、海軍航空本部が研究・実験のために呉工廠に造らせたものである。設計・計画は杉山金作造兵少佐、田中技師、助手・山崎新一技手、試験実験指揮は上野少佐、製造は呉工廠砲熕部工場主任・福田建夫造兵大尉、実験装置や滑走車の速度、爆発筒内の圧力測定、火薬関係は川瀬義重中佐、実験指揮は上郡治作少佐が担当した。

なお、艦尾に付されるはずの艦名「やまと」は、機密保持の観点から昭和十六年（一九四一）四月二十日より廃止された。

諸物件の搭載

昭和十六年十二月十七日から二十日まで、「大和」に諸物件が搭載された。

先端と頭部が硬く焼き入れされ、鋼鈑を貫通後に炸裂《さくれつ》するために炸薬（九一式爆薬）を内蔵する主砲弾（九四式四〇センチ砲徹甲弾、九一式徹甲弾）は、水中に入ると被帽が外れて平頭弾になるように設計されていて、遠達性を良好にするために弾底部の形状はボートテール状とされていた。

この主砲弾の搭載は、緊張を強いられる大作業であった。最初の一発目の積み込みには、十数分の時間を要した。常備定数一門につき一二〇発、九門で一〇八〇発だから、すべてを積み込むには大変な時間がかかる。

運貨船で運ばれた主砲弾は、まずは、各砲塔につき一個が準備されたダビットで最上甲板の舷側まで揚げられる。舷側から積み込み口まで木製台上を転がして、第一、第三主砲塔右舷側の測距儀覆函《おおいばこ》上に組み込まれた仮設ダビットを使用して、その直下の積み込み口から軌道を使って弾火薬庫まで、弾庫内にある水圧式運弾機で運搬される。主砲弾は、弾庫内の木床面にすべて縦置きで格納される。第二主砲塔では、砲塔天蓋《てんがい》にチェーンブロックを出して主砲弾をつり上げた。運搬装置は、弾庫内に四個、砲塔内には三個の水圧モーターがある。

運搬車で運ばれた火薬缶は、積み込み口から火薬庫天井の運動軌条を使って格納された。

糧食積込兼用の副砲弾積卸用ダビットで副砲弾一六二〇発、高角砲弾（八九式一二・七センチ砲砲弾、重量二三キロ）三〇〇〇発、機銃弾（九六式二五ミリ機銃弾、重量二五〇グラム）七万二〇〇〇発（一挺当たり三〇〇〇発）の積み込みは、舷側に足場を組んで手渡し作業で行なわれた。

「大和」は、教練用弾薬一門四発計三六発、照準演習機三基、火薬缶一一〇個、外膅砲・短八センチ九門と小銃口径九門（訓練用弾薬一門六発計五四発）、前後副砲砲塔分

一門につき一五〇発、両舷副砲砲塔分一門につき一二〇発（一門四発計四八発、照準演習機四基、火薬缶二八個、外膅砲・小銃口径一二門、雑具、訓練用弾薬一門八発計九六発）、連装高角砲六基分、砲弾数一門につき二五〇発（揚弾薬機＝上部六組、下部六組、横送装置＝中甲板三組、一門二個、装填演習砲二基、実砲用教練用一門五個計六〇個、弾薬引き揚げ嚢一門一〇個計一二〇個、小銃口径外膅砲六門、装填演習砲用教練弾薬包一〇、照準演習機三基、訓練用弾薬一門一二発計一四四発、空弾薬包）、二五ミリ連装機銃一二基分一門につき一〇〇〇発、砲側弾薬筐《きょう》一門二個、一三ミリ連装機銃二基分一門につき一五〇〇発、雑兵器として、一一式軽機銃六挺、弾丸三万六〇〇〇発、三八式小銃四〇〇挺、弾丸一二万発、一四式拳銃八〇挺、短艇用爆雷＝一五メートル短艇二隻に計八個、一一メートル短艇一隻に二個などを搭載した。一五・五センチ砲の九一式徹甲弾は、昭和十年四月六日に兵器に採用されている。

「大和」型戦艦には、一七メートル水雷艇二隻、電動機付き一二メートルランチ六隻、一一メートル内火艇、一五メートル長官艇、九メートルカッター四隻、八メートル内火ランチ一隻、六メートル通船一隻が、主砲発砲時の爆風の影響を受けないように、艦尾両舷部の艦内に格納されていた。短艇の敷物の色は、将官用が黄色、艦長が赤色、士官用が青色である。

そのほか、およそ三カ月分の糧食、被服、艦営需品、重油六三〇〇トン、真水は、船倉甲板後部の推進軸（一八区）の外側の左右両舷二基の真水タンクと二重底内部の大型タンクに計二九七トン、さらに、一二区と一三区に設置された予備タンク四基に計二一二トンの合計五〇九トン、潤滑油一一〇トン、雑用海水八トン、定備品一一五トン、消耗品八〇トン、酒保品八トンなども搭載された。

海軍の糧食品であるローストビーフ（一二個入り九六食分）、コンビーフ（一二個入り九六食分）、缶詰「鮭《さけ》・鱒《ます》・鯖《さば》」（一二個入り九六食分）、缶詰「鰯《いわし》」（一二個入り九六食分）、缶詰「鶏肉・牛肉」（一二個入り一〇八食分）、缶詰「貝・大和煮・佃《つくだ》煮」（二四個入り一八〇食分）乾麺麭《かんめんぽう》（一缶入り八三食分）、白米（一俵一四〇食分）、割麦（一俵三〇〇食分）、豆（一俵三二〇食分）、乾物（一叺《かます》五〇〇食分）、白砂糖（一俵一七〇〇食分）、缶詰牛乳（一箱五〇〇食分）、醤油《しょうゆ》（一六リットル二〇〇食分）、味噌《みそ》（大＝八〇〇食分、小＝二〇〇食分）、漬物（大＝七五〇食分、小＝二五〇食分）、塩（六〇〇食分）、茶（一二〇食分）、火酒（一二本四五〇人分）、生野菜（二〇〇食分）、生牛肉（三〇〇食分）、生魚肉（一六五食分）、乾魚肉（二四個二三〇食分）、塩魚肉（二七〇食分）、燻獣肉《くんじゅうにく》（六六〇食分）、鶏卵（一三〇食分）、缶詰野菜（一三〇食分）、清涼飲料水（四八本、患者四八人分）。

酒保物件として、日本酒（一二本入り）、ビール（二四本入り）、サイダー（四八本入り）、キャラメル（六〇個入り）、せっけん「ミツワ」（一二個入り）、たばこ「ホマレ」（一〇〇〇個入り）、たばこ「バット」（五〇個入り）、洗濯せっけん（七〇本入り）、桃缶詰（四八個入り）、菓子・生菓子（二〇〇個入り）、日用品ちり紙ほか数点（乗員二〇〇名約一〇日分）を一単位として、二九九トンが搭載された。

これらの品は、酒保担当者が、艦が入港した際に仕入れる。酒保への注文は各班長の役割であった。酒保側は、朝受けた注文の品を夕方までに班別に箱に詰めて用意しておき、夕方になって「酒保開け」の号令がかかると小さな窓口から手渡す。

貯糧品とは比較的長く貯蔵できるものをいい、生糧品とはなるべく速やかに消費しなければならないものをいう。米、麦、味噌、醤油、砂糖、各種缶詰の貯蔵品倉庫は、上甲板、中甲板、下甲板、最下甲板に四〇個所余りあった。後部甲板から納出庫する冷凍冷蔵庫には、獣肉、ハム、魚肉、根菜、葉菜類、果物が三カ月分貯蔵されていた。

冷凍冷蔵庫冷却用の製氷機（炭酸ガス式五万キロカロリー）は、隣室温度を四〇～五〇度と想定し、防熱材にコルクを使用し、日立製のターボ式冷凍機（九〇馬力、約一五万キロカロリー）四台によって、獣肉庫の庫内温度は零下二度、野菜庫は摂氏五度に保つように設計されていた。また、弾火薬庫用の冷却機の冷水も、冷蔵庫に導かれていた。

乗組員の衣食と経理を職掌する主計科は、第二二分隊であった。科長の主計長のもと、庶務主任、掌経理長（給与と酒保を担当）、掌衣糧長（被服、需品、糧食、士官・兵員烹炊所《ほうすいしょ》を担当）、分隊士が取り仕切っていた。二五〇〇名以上の乗組員の食事は、烹炊員長の指揮下にあった。

上甲板中央後方右舷には、兵員烹炊所、調理場、左舷に士官用および長官・艦長烹炊室・調理台や長官・艦長・士官・准士官糧食小出庫がある。設備は、電気と蒸気を利用した最新式であった。

洗米機二基、大根の千切り、芋の皮むき、挽肉《ひきにく》などを作る合成調理機二基、電気万能炊飯器（一五キロワット三基と二五キロワット二基）、日本海軍独特の三重釜回転式六斗水蒸気飯炊釜六基、毎時四〇〇リットル茶湯製造機二基、食器や副食を温める電気保温器一個、蒸気保温棚三基一式、大型食器消毒器三個、冷凍機が備えられていた。

なかでも乗組員に人気があったのは、ラムネであった。ラムネ製造機室が右舷にあって、一日に五〇〇〇本が飲まれたという。

第一班本直（各班一二一～一二三名）が主食・副食の調理、第二班非番直が食料倉庫の整理、第三班点検非番直が配食や野菜・魚肉などの切り分け、第四班の非番直が食卓と居住区清掃を、一日交代で四日に一度、本直が回ってくるローテーションで行なった。

十二月二十一日、日曜日正午過ぎ入泊、雨、「大和」は錨地《びょうち》である柱島の「長門」の西に錨を下ろした（泊地に達する約五海里前に機関部に通報し、艦長と参謀に届ける）。投錨は、通常は奇数月は右舷、偶数月は左舷の錨および錨鎖を使用するが、出入港の回数が少ない艦は、交互に使用することが可とされた。また、錨作業指揮官は、日中は揚錨信号旗（白、赤、青）、夜間は言令をもって報告する。錨鎖が水深の一倍半となった場合の「近錨」は白旗直立、錨鎖錨孔下に垂直になった場合の「立錨」は赤旗直立、錨が海底を離れた場合の「起錨」は青旗直立、錨が海面に揚がった場合の「正錨」は三旗直立で報告することになっていた。

二十八日に、柱島の艦隊錨地付近の水雷防御網の展張が完了し、二十二日から二十八日まで、柱島艦隊は所定の作業を実施した。

訓練と日常生活

艦務には、週課と日課がある。

週課は、主に一週間内に行なわれる課業で、通常は、日曜は休養に、月曜の午前は訓育に、月曜の午後および火、水、木曜は教育訓練に、金、土曜は艦内整備作業（艦内大掃除を含む）に充てられた。日課には、航海、停泊の場合の甲、入湯上陸を許可する場合の乙の二種があった。なお、北半球では、夏季は四月一日〜九月三十日、冬季は十月一日〜三月三十一日とされていた。

「総員起床」＝鐘番兵は、総員起床時刻の一五分前に、甲板士官、先任衛兵伍長、当直伝令を起こす。「総員起こし五分前」が五時五十五分、六時起床、一〇分後には各分隊とも所定位置に整列し、「総員体操用意」で海軍体操などを行なう。

「露天甲板洗方（艶拭《つやぶき》）」＝体操終了後、甲板士官の「両舷直露天甲板洗い方かかれ」（甲板油拭は一カ月に二回が標準）の艦内号令がかかる。海水を流しながら甲板棒に付いたたわし状のもので露天甲板を磨き、終わると横一列に並んで、「押せ」の命令とともに一斉に走ってぞうきんを押しながら水を切って、甲板洗いが終わる。

「洗面」＝次に、機関科甲板士官の監督のもと、各自が限られた水で洗面する。

八時には総員集合のもと、ラッパの吹奏とともに軍艦旗が掲揚される。特に変更がない場合は、日課は、巡検終了後に甲板士官により発表される。

「日課手入れ」＝軍隊旗掲揚後、分隊ごとに各指揮官の指示により、日課・訓練である「金物手入れ」、「銃器手入れ」、「武器手入れ」などが始まる。

十二時になると昼食、その後、午後の訓練、または体操、相撲、そのほかの作業、銃器手入れなどが、反復して実施される。

夕食後の「軍艦旗降ろせ」が済むと、一日の課程の批評としての集合、甲板整列がある。この時に、海軍精神注入棒なる樫《かし》の棒で甲板士官らに殴られることになる。「初夜巡検」＝火の元点検ともいわれ、副長が先任衛兵伍長を先導として、甲板士官、掌砲長、掌運用長、掌工作長を従えた艦内各部巡検が、午後九時ごろに始まって一日の日課が終わる。消灯（午後十一時ごろ）まで、勉学作業を許可された者は、所定の場所で勉学もしくは作業をすることができた。

軍艦内の時報は、三〇分ごとに打つ時鐘で示される。一点鐘は零時半、四時半、八時半、六時半（午後のみ）。二点鐘は一時、五時、九時、七時（午後のみ）。三点鐘は一時半、五時半、九時半、七時半（午後のみ）。四点鐘は二時、六時、十時。五点鐘は二時半、六時半（午前のみ）、十時半。六点鐘は三時、七時（午前のみ）、十一時。七点鐘は三時半、七時半（午前のみ）、十一時半。八点鐘は四時、八時、十二時となる。

当直将校などが職務を執行するときに使用する号笛乙は、一声が当直伝令、二声が当直取り次ぎ、三声が当直衛兵伍長を呼ぶときに使い、号笛甲は、艦内伝令員の伝令ならびに儀礼に使用された。砲術科の科長は砲術長で、前橋楼トップの方位盤指揮所の塔内で、主砲九門の射撃指揮を執った。前部二砲塔の一番主砲塔が第一分隊、二番主砲塔が第二分隊、後部三番主砲塔は第三分隊の担当で、主砲砲台長が砲術長の命を受けて、各主砲分隊の砲塔長以下を指揮する。

主砲の射撃管制は、第九分隊が担当する。第一班が前橋楼トップの方位盤、第二班が後部方位盤、第三班が水線下にある第一発令所射撃盤を担当した。

砲術長の配下には、副砲長と高射長がいる。副砲長は第一艦橋中段にある副砲指揮所から、副砲分隊、前部副砲（第四分隊）と後部副砲（第一〇分隊）を指揮した。

高射長は、当初は高角砲分隊である第五分隊、その後、高角砲の増設によって第六分隊も指揮し、加えて、機銃の第七分隊（高角砲の増設によって第六分隊が名称変更）、機銃の増設による第八分隊も総括指揮した。就役当時、六基の連装高角砲（一砲塔一二名編成）は、二基単位で一群を成し、高射装置一基で管制されていたが、連装高角砲六基の増設によって三基一群指揮となった。

甲板士官は、当初、「配置に就け」から完了まで一〇分かかったのでその原因を追究し、分隊編成にこだわらずに、平素の居住区と戦闘配置を近づける職住接近とし、艦内閉鎖時に中甲板以上の防水扉蓋はほとんど「開放」として閉鎖責任者を表示し、総員が配置に就いた後で応急員が閉鎖して回ることにした。高角砲員は、砲台下の円筒周りにある幅一・五〜二メートルのドーナツ状の空間で食事をとるようにした。その結果、「配置に就け」完了までの時間は、半分の五分に短縮された。

行動の基礎には、週単位と日課の二つがある。

軍艦訓練週課表標準によると、日曜日の訓練日課は、午前が諸点検と精神教育、午後が休業となっていた。月、水、木曜日の教練日課は、午前が部署教練、午後が配置（補修）教育、そして、夜間に教練があった。火、金曜日には洗濯日課があり、午前に被服洗濯、午後に配置教育、そして夜間教練があった。土曜日の教練日課は、午前が部署教練と配置（補修）、教育で、整備日課となる午後は艦内大掃除、艦内各部手入れ整頓となっていた。

艦船部隊内では、マージャンやかるたは禁止、碁、将棋、レコード（許可されたものに限る）、ラジオなどは、祭日、祝日、そのほか許可された日に限られていた。

訓練の内容は、基礎確定期に整備の徹底（戦闘を目標とする）、配員の確定（適者適所、適性検出、考課調査、五回の訓練）、術の向上（記録の整理、年度成果の整理、項目別整理、事務引き継ぎの徹底、巡回講習の活用）、教育査閲などで、主として准士官以上の術の向上に資することを主眼としていた。基礎の確立は、講習、兵器、日々の単独訓練によって達成された。

主砲を発砲する前部射撃指揮所（通称トップ）に配置される（一三名）ことは、責任は重大であったが、日本海軍砲術科下士官であれば誰もが願望してやまないことであった。

照準発射訓練は、洋上で船舶などを視認したら必ず実施された。出入港時や課業時でも、「総員配置に就け」の訓練が、実戦を想定して行なわれた。電探射撃時には、艦の動揺による俯仰角度の変化を水平に保つために、水平器の「気泡」による照準器（竹中忠治考案）を用いて、これによって上下左右の照準射撃を行ない、水平照準による発射で有効な弾着を得たのである。

整備の徹底—艦隊行動作業計画

富田旭登二番副砲右一番手は、戦闘の号令がかかってから「右よし」の一弾発射ができる状態にするまで二〇秒以下でなければ、戦列に参加しても帝国海軍軍人として、また「大和」乗組員としても恥であるという上官の訓示に従って猛訓練に励んでいた。

訓練では、第一主義（連続猛訓練励行）、作業地、前期訓練充当所要日数の決定（照

準発射二〇〇時間、装塡法五〇時間、操法四五時間、通信伝令一五〇時間、測的七〇時間、照射一〇〇時間、机上射撃一〇〇時間）、訓練の合理化（艦内作業の処理と充当人数の戦闘配置、訓練目標の賦《ふ》（術科訓練の励行））、総合訓練（兵術）励行、戦闘力は、機力と人力（精神力、体力）、術力、練度（技量）を主として実行された。

練度向上期には、砲術が六〇日間を要し（作業地訓練励行の場合）、所要日数は各術科および各戦闘配置によって差があったため、所要日数基礎の是非が検討された。

鍛錬期では、訓練中継期術力練成期、練度の維持、下級幹部の特殊要員の養成、乗組員の多年制―特務士官・下士官兵＝一人一技一艦種主義を採用した。術を継承するために、幹部は少なくとも二年以上勤務することとし、半数（以下）ずつの交代とした。

このほかに、研究機関の整備拡充、艦隊成果の整理、戦史の研究が行なわれていた。

第二章　「大和」の任務と行動

教練射撃

艦首旗（地色＝白、日章＝紅）は、出港用意の命令で降ろし、投錨《とうびょう》もしくは纜索《らんさく》と同時に掲揚することになっていた。艦首旗は、在役艦艇は停泊中に艦首に掲げるので、停泊旗と称された。

昭和十六年（一九四一）十二月二十三日、聯合艦隊司令長官山本五十六大将と参謀長・宇垣纏少将が、第一戦隊三番艦「大和」を巡視して、「巨艦はなかなかよくできている」との感想を述べたという。

昭和十七年元旦を迎えて、艦上には、檣頭、艦首旗竿（竿頭）、後部旗竿《はたざお》（竿頭《かんとう》）、舷門の四カ所に松飾りが飾られていた。なお、飾られる期間は、十二月三十一日の午前から一月四日の起床までであった。遥拝《ようはい》式、御写真奉拝、祝杯、記念撮影などが行なわれた。

　昭和十七年一月十七日、一類作業を実施。

　翌十八日六時、宇垣少将が視察のために「大和」に乗艦し、後檣に「長門」から少将旗が移揚された。「大和」は、出動訓練のために六時半に出港。「総員出港用意！」、「錨鎖縮め！」、「錨揚げ！」

「舫索（艪舫索《ろほうさく》）縮め！」、「舫索放て！」の号令が響き渡り、これが機関科指揮所に伝えられて艦は動き出した。

「大和」は、「三日月」を随伴して釣島を通過し伊予灘に出た。正午から高角砲と機銃の射撃を実施。十四時、増速二五ノットで弱装薬教練射撃を行なう。主砲弾の着弾点における水柱の高さは二百数十メートルに及び、水柱が消えるまで数分間を要した。そのため、至近弾となった場合には次弾の直接照準が不可能となるため、発令所の射撃盤による間接照準射撃が必要となった。なお、引き金を引いてから弾丸が発射されるまでの時間は、四一センチ砲＝〇・五秒、三六センチ砲＝〇・一〇四七秒、二〇センチ砲＝〇・〇七三秒であった。

　十八時三十分、「陸奥」を標的曳航《えいこう》艦として両舷射撃を実施。

二十一時、「大和」は安下庄（水深二〇メートルの錨地）に仮泊。

一月十九日七時三十分、標的曳航艦「陸奥」、警戒艦「矢風」、「三日月」を随伴して、安下庄発、十一時三十分、柱島に帰投。

十三時、一類作業研究会が艦上で行なわれ、宇垣参謀長は『戦藻録』に、「主力艦の必要性、聯合艦隊旗艦として大体の成績は良好なり。しかし、未《いま》だ充分になじまず。兵器を使いこなす点、行きいたらず。竣工一カ月後にしては上出来なり」と記している。

聯合艦隊旗艦に

二月十二日九時、「大和」は、聯合艦隊旗艦を「長門」から引き継ぎ、柱島泊地に警泊。旗艦とは、艦隊または戦隊を指揮する司令長官、司令官の乗艦である。

聯合艦隊司令長官山本五十六大将が、右舷舷梯《げんてい》（二段）を静かに上ってくる。山本長官は、軍楽隊（「長門」で長官を見送り、急ぎ退艦し先行して「大和」着）が長官出迎えの礼式である「将官礼式海ゆかば」を吹奏するなか、登舷式で迎える「大和」艦長、先任伍長、当直将校、取次、乗組員の整列する前を敬礼して通り過ぎる。

山本長官以下、参謀長・宇垣纒少将、首席参謀・黒島亀人大佐、作戰参謀・三輪義

勇大佐、渉外参謀・藤井茂大佐、航空参謀・佐々木彰中佐、戦務参謀・渡邊安次中佐、通信参謀・和田雄四郎中佐、航海参謀・永田茂中佐、水雷参謀・有馬高泰中佐、機関甲参謀・磯部太郎機関中佐、機関乙参謀・市吉聖美機関中佐、副官・福崎昇海軍中佐、暗号士（新宮等暗号長）、気象班、軍楽隊（岩田重一軍樂長）など、一六〇名近くが乗船する。後檣マストに海軍大将旗が翻る。大将旗、中将旗、少将旗を総称して将旗という。

軍楽隊の戦闘配置は、暗号室勤務の暗号員と、暗号兼電話取次員である艦隊暗号長が翻訳された電報に署名し、皮製の筒に電文を入れて圧搾空気を用いた伝送管で送る。それを暗号取次員が受け取って作戦室の当直参謀に届ける。

この日、連合軍通信諜報部は、日本軍の暗号電報から「聯合艦隊司令長官が『大和』に移乗した」ことを諜知し、「『大和』という艦の記録はないから、新しい戦艦かもしれない」というコメントを出している。

二月十六日十時四十五分、侍従武官・鮫島具重中将が「大和」に来着。十二時三十分、前甲板で侍従武官を中心に記念写真を撮影。鮫島侍従武官が昼食会の折に高柳艦長に、「艦長、「大和」が米英の最新式戦艦と対戦するとしたら、何隻を相手に戦闘できますか」と質問した。高柳艦長が答えに戸惑っていると、そばにいた司令長官・山本大将がさっと右手の指三本を伸ばして「これだけですよ」と答えたという。

二月十九日六時、暁霧のなか、第一戦隊は伊予灘で訓練を実施。一番艦「大和」、二番艦「陸奥」、三番艦「長門」は、運動力比較を行なってから諸訓練に入った。霧中航行中は、各艦は艦尾に霧中浮標をひくことになっていた。

常距離（各艦が占有すべき距離）は、戦艦六〇〇メートル（第一戦隊と第二戦隊は七〇〇メートル）、一等巡洋艦および「最上」型、「利根」型巡洋艦六〇〇メートル、二等巡洋艦五〇〇メートル、一等駆逐艦三〇〇メートル、二等駆逐艦二五〇メートルであった。陣形とは、艦隊を所定の方位、距離および間隔に配列した隊の形をいう。

九四式四〇センチ砲徹甲弾の射撃実験

三月一日七時、「大和」は、安下庄を発し、飛行機揚収訓練を行なって、十二時十五分に柱島錨地に帰投。艦載機（零式観測機）の揚収作業の手順は、以下の通りである。「航跡静波に着水せよ」の赤白赤の吹き流しがマストに掲げられ、旗旒《きりゅう》・発光信号が点滅、「大和」は大きく旋回して停止する。大洋の波浪のなか、「大和」のウェーキ跡に滑らかな海面が形成される。飛行甲板から発炎筒が投げ入れられ、黄色い煙がたなびいて風向を示す。零式観測機は風下から航跡静波に着水して、艦尾にあるデリックから垂らされた三角輪に近寄る。搭乗員が翼に上がってフックを組み立て、垂らされた三角輪にフックを引っ掛ける。操縦員はすかさずエンジンを切り、デリックが機体をつり上げて飛行甲板上に引き上げる。

第十一航空艦隊・大西瀧治郎少将（航本出仕総務部長予定）は、戦地よりの帰途、柱島泊地の「大和」に立ち寄り、「比島蘭印の島続きの作戦のみをもって軍備の中心は航空なり、大艦巨砲主義はその位置を転じて奇兵たるに至れり」と述べた。

五日七時四十五分、「大和」は出港し雨のなか、戦艦に対する浮遊機雷（ブイをつけて水面近くに浮遊させておく機雷）の触撃実験を実施。十一時、呉軍港沖の浮標に係留。

十日十時、「大和」は、呉軍港浮標を離れて柱島泊地に回航。

二十日、倉橋島・亀ヶ首試射場において、十四時から、九四式四〇センチ徹甲弾の遅延信管使用の跳弾による炸裂《さくれつ》状況を確認する射撃実験を実施。三六センチと四一センチ通常弾に比べると、その弾片は大きく威力は強力で、海中飛散の状況も十分と認められた。「跳弾射撃」とは、徹甲弾の水平射撃を行なって海面でバウンド作動（跳弾）させて一秒後に空中で爆発、直径二〇〇〇メートルの弾幕で低空の敵雷撃機を撃ち落とす戦法だが、海面が平穏なことが条件で実戦向きではなかった。

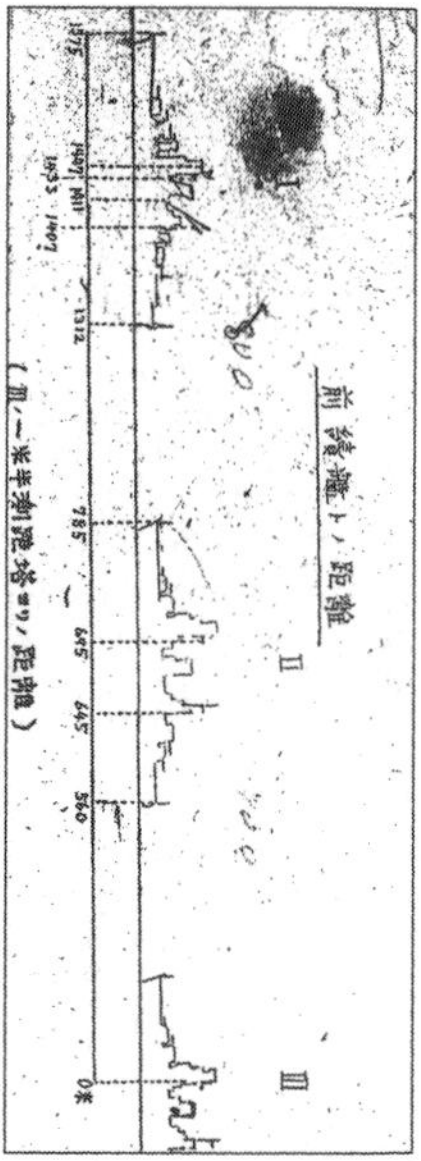

前続艦との距離。「長門」航海長が作成したもので、1番艦「大和」を2番艦「長門」の距離を示している

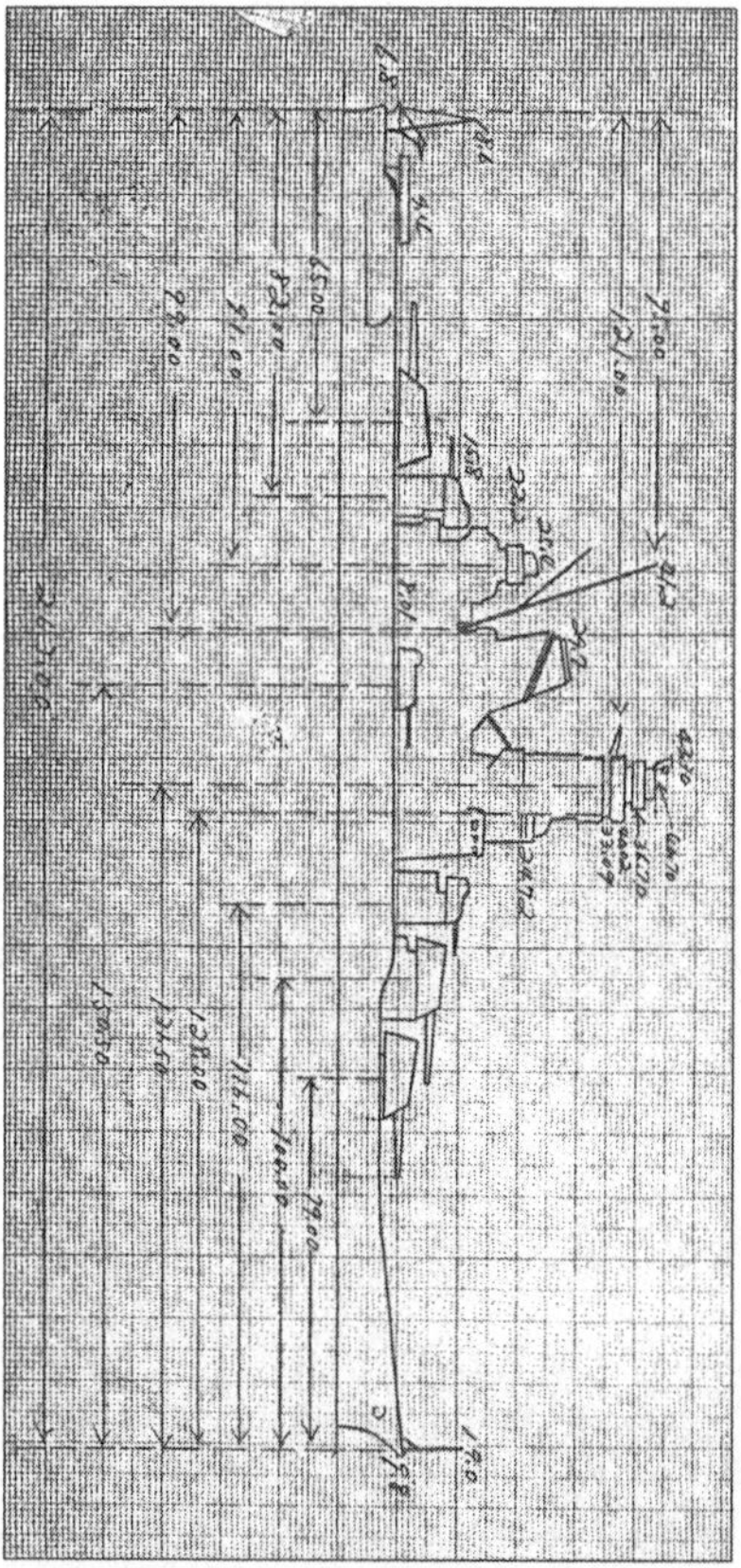

僚艦「長門」の航海科が作成した「大和」の主要部の高さと距離

九一式徹甲弾の被帽頭と風帽との間の空所に染色剤を詰めたものが一式徹甲弾である。着色弾の視認難易は、おおむね赤、緑、紫、青、白、黄の順である。従来は、集中射撃の際の弾着観測は飛行機の観測通信に頼っていたが、着色弾は艦から弾着の状況を視認できるのできわめて有効であった。十六時、通常弾の静止炸裂による弾片の状況を視認確認。この時点では大口径砲による榴霰《りゅうさん》弾式の散開弾は実験中で、のちに通常弾として零式通常弾と三式通常弾の二種類が開発され、「大和」型戦艦には九四式四〇センチ砲零式通常弾と三式焼霰弾（試製三式通常弾）が搭載されることになる。

二十二日、九四式四〇センチ通常弾（弾頭時限信管装着）を発射し、静止炸裂の際の弾片状況を確認。

二十三日八時、「大和」と「扶桑」は、北方の伊勢小島東方に錨地を変更。十三時、「大和」は、主砲の対空射撃実験を実施。

二十七日七時、「大和」は、柱島錨地を発し、第一類教練作業、霧中航行教練、飛行機揚収訓練、対空射撃訓練、測的教練、見張り照射教練を実施。

「大和」は、九六式管制器一型付き九六式一五〇センチ探照灯一型八基を装備している。最大有効照射距離は、二灯使用の場合で一万二〇〇〇メートル、一灯使用の場合で一万メートルだった。ちなみに、「長門」の九二式一一〇センチ探照灯の最大有効照射距離は、二灯使用の場合で一万メートル、一灯使用の場合で八〇〇〇メートルである。

照射指揮には、射撃などの目標を照射する直接照射、敵から照射された際にこの敵を幻惑照射する反照射、味方を敵から遮蔽《しゃへい》するための遮蔽照射、敵の所在を示す指敵照射、味方の敵に対する視認を容易にするための背景照射、目標を捜索する探照などがある。

九六式管制器一型は、探照灯の旋回・俯仰《ふぎょう》、弧光の点滅、一挙動式遮光器の開閉、修正角を管制する。

「大和」の前檣楼中央部の側面右舷後方に三番と五番管制器があり、上部高角砲台の三番探照灯と煙突基部後方の五番探照灯を管制する。旗甲板前方と後方に設置された一番（右）、二番（左、のちに三番・四番九五式機銃射撃装置に換装）と七番九六式管制器（のちの改造時に一番管制器となる）は、煙突基部前方の一番・二番探照灯と後檣マスト下の七番・八番探照灯（のちに撤去）を管制する。偶数番号の管制器と探照灯は、左舷の対称の位置に装備されている。

探照灯の反射鏡は「パラボラ鏡」で、表、裏面とも完全に研磨され、裏面には強度を増すために保護塗料が塗られている。炭素棒の燃焼によって生ずるガスは、弧光部下面の排気筒から電動送風機で後方に排出する。

十一時、「大和」は、山口県徳山湾内入り口近くに停泊。

三十日九時、「大和」は出港し、山口県三田尻沖で一斉投錨して訓練を実施。直ちに抜錨し、十二時三十分から第三航空戦隊飛行機による襲撃教練を実施する予定だったが、通信の齟齬《そご》で遅延。十三時十五分、発動射撃態勢をとって、四万二〇〇〇メートルにおいて右に斉動、三万三一〇〇メートル主砲射撃を開始、西の風が強いので最初に間接射撃、のちに直接射撃に移る。

「三万八〇〇〇メートルの射撃は帝国海軍としては蓋《けだ》し嚆矢《こうし》なり。不幸にして高層風の測定を誤り、苗頭の大偏弾を生じ経過思わしからず」

副砲も同じ結果であった。応急運転を実施し、二十一時三十分、柱島に帰投。

三十一日十四時、「大和」の士官室で「第一戦隊教練作業の研究会」開催。

四月七日七時四十五分、「大和」は柱島錨地を発し、訓練を実施しつつ、十時三十分、呉軍港に入港。

十一日十一時、伏見宮博恭王殿下が「大和」にご来艦。十三時、出港。訓練を実施し、十六時ごろ錨地着。

二十五日五時、「大和」を含む第一戦隊は出港して、射撃訓練を実施。射撃訓練用標的には、一種的甲（一三五メートル）、一種的乙（五〇メートル）、一種的丙（六五メートル）がある。十時三十分安下庄に入泊。

二十六日七時三十分、「大和」は安下庄を出航して作業訓練を行ない、十五時四十五分、柱島錨地に帰投。

三十日、「大和」艦上で、戦役記念写真帳に載せる聯合艦隊司令部職員の記念撮影。

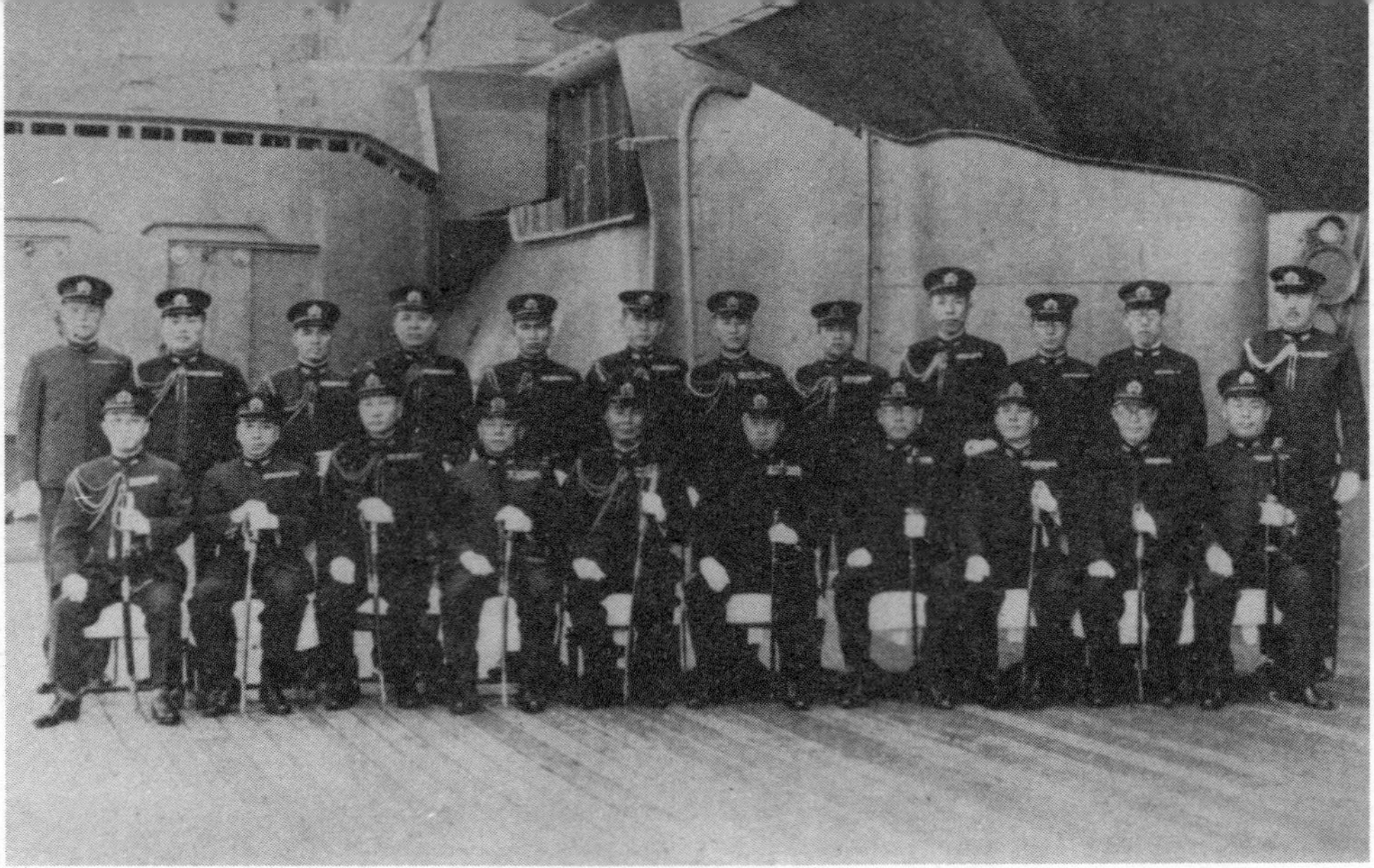

「大和」左舷中央部で撮影された連合艦隊司令部の記念写真。前列右から５人目が司令長官山本五十六大将、６人目が参謀長宇垣纏少将、１人おいて首席参謀黒島亀人大佐、左端は作戦参謀三和義勇大佐

第三章　「大和」出撃

ミッドウェー作戦、正式に決定

昭和十七年（一九四二）五月一日、柱島沖の「大和」に、各艦隊長官、参謀長、参謀が参集し、第二段作戦の図上演習を青、赤両軍に分かれて実施。

五日、ミッドウェー・アリューシャン西部攻略に関する大命を受領。

十一日六時十五分、「大和」を含む第一戦隊は柱島錨地《びょうち》を発し、伊予灘において、一航空艦隊飛行機の襲撃教練、対空射撃、応急運転、応急運動など、単艦爆撃回避の訓練を実施。十六時三十分、「大和」は、主砲に引き続いて副砲の常装薬射撃を実施。

二十二時、安下庄に仮泊。

十二日七時、「大和」は安下庄を発し、曳航《えいこう》給油教練（供給艦の速度は九ノット）、測的教練を実施、十六時十五分、柱島錨地に帰着。

十三日九時四十五分、「大和」は柱島を出港し、十二時三十分、呉軍港に入港。

十九日十時、「大和」は呉軍港を出港し、十三時前に柱島錨地の浮標に係留。「大和」敵信班は、米軍通信「ミッドウェー島の飲料水不足」の平文を傍受し、林進暗号取次員が作戦室に届ける（「軍楽隊林進上等軍楽曹手記」・「歴史と人物」第百七十二号」。

二十一日十九時三十分、「大和」は、柱島錨地を出動して豊後水道を南下、明日の発動点に向かう。二十二日六時三十分、「大和」は、沖島東方水路を出て第一回第一次応用教練、十二時三十分より第二次応用教練を実施。いずれも応用的艦隊戦闘訓練で、第二段作戦が開始されると必要となることが想定されており、実戦での対潜警戒は厳しいものになることが予想された。二十三時、伊予灘において夜戦訓練を実施。

二十三日一時三十分、「大和」は安下庄に仮泊。八時に出港して補給艦との縦訓練を行ない、十七時三十分、柱島錨地に帰投。

二十五日八時三十分、「大和」艦上で、ミッドウェー、アリューシャン作戦の局部的図演を実施。この両作戦の主役は、戦艦ではなく機動部隊である。

ミッドウェー環礁をめぐる日米の因縁

中部太平洋に浮かぶミッドウェー環礁（一八六七年〔慶応三〕、正式に米国領）は、ハワイからは一一四九海里、サイパン島からは二三〇〇海里の、北緯二八度、日付変更線東方約八度の位置にある。本環礁は一八五九年（安政六）に発見されたが、コアホウドリが生息していてその生態に興味をもつホノルルの鳥類学調査団が、一九〇二年（明治三十五）八月に訪れた。調査団は、日本人密猟者が価値のある羽をとる目的で、大量のコアホウドリを殺している証拠を発見したと報告した。

米政府は、日本がミッドウェーを実効支配することを懸念して、翌一九〇三年一月二十日、セオドア・ルーズヴェルト大統領の行政命令で、ミッドウェー環礁が米海軍省の監督下に置かれたことを公表した。また、米政府は、ハワイ・ホノルルからミッドウェーを経由し、フィリピン・ルソン島までの海底通信ケーブル化を計画し、同年四月二十九日に、ケーブル局調査団がミッドウェー環礁を訪れた。調査団は、制礁に停泊する縦帆式帆船「栄寿丸」（一一一トン）を発見し、日本人密漁者にコアホウドリを殺さないよう警告した。六月三日には、米軍艦「ＩＲＯＱＵＩＳ」が、日本人に本環礁から退去するよう命じている。

それから三九年がたった今、ミッドウェーは日米海軍の一大決戦場となるのである。

米太平洋艦隊司令長官・チェスター・ニミッツ大将は、これ以降に敷設された海底通信ケーブルを使用して、ミッドウェーが水不足というトリック電文を打つことをミッドウェー守備隊との間で企図した。米側は、平文で打電したこのやり取りを傍受して報告した日本海軍の暗号電文を解読し、特定地点略語「AF」が「ミッドウェー」であることを知った。そして、日本海軍の作戦日的を把握した米軍は、「ホーネット」（CV-8）、「エンタープライズ」（CV-6）、「ヨークタウン」（CV-5）による待ち伏せ作戦を実施するのである。

ミッドウェー海戦

五月二十七日（第三十七回海軍記念日）六時、機動部隊・第一航空戦隊（「赤城」、「加賀」）、第二航空戦隊（「飛龍」、「蒼龍」）、支援隊（「榛名」、「霧島」、「利根」、「筑摩」）が出撃。

機動部隊とは、戦闘用航空機を搭載した航空母艦（以下、空母と呼称）を基幹として、海上で航空機動作戦を行なう部隊である。機動部隊は、開戦劈頭《へきとう》のハワイ真珠湾奇襲作戦の成功以降、トラック泊地を出撃してラバウル、カビエン方面への攻略支援、スターリング湾からインド洋に進出してコロンボを空襲し英国の誇る重巡洋艦を撃沈、さらに、セイロン島ツリンコマリを空襲して英空母一隻と駆逐艦一隻を撃沈（インド洋作戦）、ポートモレスビー攻略作戦（ＭＯ作戦）を支援して珊瑚《さんご》海で世界初の空母対空母による海上機動決戦を演じるなど、太平洋を縦横無尽に駆け巡っていた。太平洋の戦いは、戦前に予想された戦艦を中心とする大艦巨砲の砲撃ではなく、海上航空機動戦に終始していた。

二十八日、「伊勢」型戦艦「伊勢」が、対空見張り用二号電波探信儀（レーダー）一型、「日向」が、空中見張り・水上見張りに使用する仮称二号電波探信儀二型の電波探信儀を装備した（両艦はアリューシャン部隊所属）。

レーダー（Radar）は、Radio Detecting and Ranging の米海軍の略語である。米陸軍は「ラジオ・ポイント・ファインダー」、英国は「ラジオ・ロケイター」、日本海軍は「電波探信儀」、日本陸軍は「電波警戒機」（捜索用）、「電波標定機」（測的用）と呼称していた。

二号電波探信儀一型の二段六列反射網付き集射空中線の寸法は五メートル×二メートル、装置は〇・六メートル×〇・六メートル×一・六メートル、室は二メートル×一・八メートル。水上見張り用二号電波探信儀二型の導波管電磁ラッパ寸法は、一メートル×一・三七メートル、室は一・八メートル×一・四メートル×一・六メートル。

二号一型装備の「伊勢」の実験成績は、第一戦隊に対して二六キロ、軽巡洋艦に対して二〇キロ、駆逐艦に対して一五キロ、九六式艦攻二機に対して一六キロ、九五式水偵に対して四〇キロ、誤差は、距離一キロ以内、方向五度以内だった。

二号二型装備の「日向」の実験成績は、「大和」に対して三五キロ、軽巡洋艦に対して二〇・五キロ、駆逐艦に対して一八キロ、「サクラメント丸」に対して二四キロ、水の子灯台に対して四三キロ、山に対して四七キロ、大島に対して四〇キロ、潜水艦に対して一〇キロ、誤差は、距離一・六キロ以内、方向二・四度以内だった。

二号二型は、対空探知能力がなく、作動不安定、調整困難なために撤去と判定されたが、出撃まで時間がなかったために、「日向」は、艦長・松田千秋大佐、副長・馬場正治中佐了解のもと、技術研究所調整員・松村定一技手を同乗させ、仮装備として作戦に参加することになった。

「伊勢」に搭載して実験した結果、航空機（単機）に対して五五キロ、「日向」に対して二〇キロの探知能力を示した。

二十九日五時、攻略部隊が出撃。一時間後の六時、主力部隊である九戦隊「北上」、「大井」、一戦隊「大和」、「陸奥」、「長門」、二戦隊「伊勢」、「日向」、「扶桑」、「山城」、「千代田」、「鳳翔」が柱島錨地を出撃し、豊後水道を南下する。速力は一六ノット。

「大和」の任務は、全作戦支援からミッドウェー作戦（一七日間）に変更されていた。

出撃時には、軍楽隊が、後部甲板で軍楽長を中心に円陣をつくり、スクリューが回って軍艦旗が艦尾旗竿《はたざお》から降ろされると同時に出港奏楽「軍艦マーチ」を演奏した。十七時、沖ノ島に達し、東水道を出た時に、第三水雷戦隊（「川内」、「第十一駆逐隊」）が直衛に就いた。

初陣の「大和」の乗組員は、司令部を含んで二七五二名であった。艦内哨戒配備には、第一配備（一直）、第二配備（二直）、第三配備（三直）がある。第一は、日常生活に必要な最小限度の役員（伝令、厠番《かわやばん》、衛生掛、従兵など）である。食事は竹の皮に包んだおにぎりの戦闘配食で、第二、第三配備の乗組員は各固有の戦闘配置で食事をとった。

戦闘配備は、前部応急部指揮官・三組約六〇名、後部応急部指揮官も同じく三組六〇名。当時、「大和」の防空能力は、主砲の跳弾による弾幕射撃の試みが始まったばかりで、三式通常弾はまだ搭載していない。搭載機定数は零式観測機三機である。

掃海駆逐艦と呉防備隊は、二時二十分、沖ノ島二二〇度四〇海里付近で敵潜水艦を探知し、午後になってさらに同方面を探知して爆雷攻撃を加えた。

豊後水道外端から速力を一八ノットに増速し、夕方まで一五〇度方向にひた走る。

主隊の航行序列は、一本棒の戦艦群「大和」、「陸奥」、「長門」、「伊勢」、「日向」、「扶桑」、「山城」を中心に、左右を駆逐艦に守られた陣形であった。

三十日黎明《れいめい》後、之字《のじ》運動（ジグザグ航行）を実施。風が次第に強まって海上が荒れ、風速一八メートルに達する。午後より之字運動をやめ、速力一四ノットとする。十八時、並陣列を縦陣列に変え、ミッドウェーに向けて針路一〇〇度とする。

「大和」は、攻略輸送船団の前方で敵潜水艦が長文の緊急信を打電するのを傍受したが、この時点で危機感をもっていない聯合艦隊参謀長は、「敵の備える所となり獲物反りて多かるべき也」と日記に記している。

縦陣列は、先陣を切る第三水雷戦隊「川内」主隊、第一戦隊「大和」（間隔八〇〇メートル）、「陸奥」（間隔七〇〇メートル）、「長門」、「鳳翔」、「夕風」、左右に、第十一駆逐隊「吹雪」、「初雪」、「白雪」、「叢雲《むらくも》」と第十九駆逐隊「磯風」、「浦風」、「敷波」、「綾波」。

主隊の後方に、第九戦隊「北上」、「大井」（間隔六〇〇メートル）、後続する主隊警戒隊、第二戦隊「山城」、「扶桑」、「伊勢」、「日向」、「千代田」、「時雨《しぐれ》」、その左右に、第二十駆逐隊「天霧」、「朝霧」、「夕霧」、「白雲」、第二十四駆逐隊「海風」、「江風」、第二十七駆逐隊「夕暮」、「白露」と続いた。

ミッドウェー西方七〇〇海里付近に配置されて、昼間は潜望鏡哨戒、夜間は浮上哨戒を実施していた米潜水艦「カトルフィッシュ」（SS－171）は、ミッドウェー環礁の六〇〇海里、方位二六〇度で日本海軍輸送船団と触接したと無線で報告した。米軍はこの報告に基づき、ミッドウェー哨戒任務を第七・一任務群一二隻で編成した。第七・三任務群は、オアフ島の北方三〇〇海里に配置されていた。

六月五日早朝、第一機動部隊は、ミッドウェーを第一次攻撃隊で爆撃したが戦果は不十分に終わり、敵艦船の出現に備えて艦船攻撃用兵装で待機する第二次攻撃隊を陸上用兵装に転換中に、索敵機から敵空母発見の報告を受けた。再度、艦船攻撃兵装に転換した第二次攻撃隊は、発艦直前、環礁の北東海面で待ち伏せしていた米空母三隻から発進した艦上爆撃機の急襲を受けた。

「赤城」、「加賀」、「蒼龍」が被弾、炎上して戦闘力を失い、残る「飛龍」は単独で米空母「ヨークタウン」（CV－5）を撃破したが、さらなる米空母機の集中攻撃にさらされる。

日本は、主力空母「赤城」、「加賀」、「蒼龍」、「飛龍」と搭載機三二二機、搭乗員六三組（戦二七、爆二一、攻一五）、そして巡洋艦「三隈」を失った。米軍は、空母三隻から延べ三七四機を出撃させたが、日本側の対空砲火で二〇機、空中戦で四一機、ほかに作戦中に一六機を失った。さらに、空母「ヨークタウン」、駆逐艦「ハンマン」(DD-412)を失い、戦死者は三〇七名を数えた。

六日、海上制海権を失った聯合艦隊司令長官・山本大将は、ミッドウェー環礁攻略を中止し、米軍基地の飛行圏外に離脱する。

十日日没直後、「大和」は、南鳥島の三〇度一〇〇海里付近で、左三八度二八〇〇メートルに雷跡二条が接近するのを発見。高柳艦長は、大角度緊急斉動で回避した。「左対潜戦闘!」の号令のもと、「大和」は、警報として副砲と高角砲から合計六発を発射した。二〇秒以内での発射訓練を積んできた二番三連装副砲塔の右砲(富田旭登担当)の発砲が、「大和」初の実弾発射となった。

十四日、「大和」は、高知県宿毛湾外の沖の島、釣島水道を抜けて、十九時、柱島錨地に帰投。出撃一七日目であった。

十五日、全作戦支援の任務に戻った「大和」は、柱島に警泊して諸物件の搭載を実施。

六月六日、二番艦「武蔵」に主舵が取り付けられ、船底全面に二号塗料が塗装された。同月九日、「武蔵」は、第四船渠《せんきょ》を出渠して浮標に係留。十五日、「武蔵」は、注排水公試を開始し、砲熕関係の試験、旋回試験を実施。十八日、「武蔵」は、呉を出港して伊予灘で、全力、最大速力、基準速力各公試を実施、二十日は投揚錨試験、二十一日は全力後進を行ない、予行運転を終えて山口県光港に帰港。

二十二日、「武蔵」は、九時三十分に山口県光港を出港し、第一次第一回運転公試を佐田岬標柱において実施した。長崎造船所で建造されていた第二号艦の運転公試は、長崎港外で実施する予定だったが、日本の近海にも敵の出没が懸念されたため、瀬戸内海の伊予灘に変更されたのである。

第一次第一回公試出港時、「武蔵」の前部喫水は一〇・二六メートル、後部喫水は一〇・七四メートル、平均喫水は一〇・五メートル、排水量七万六〇二トン、海水温度一八度、燃料搭載量五二六四・八六トンだった。

過負荷全力公試の成績は、速力二八・〇五ノット、軸馬力一六万七三一〇、軸回転毎分二三〇、航続距離二三六六海里、また、計画上の全力を示す全力公試時には、平均喫水一〇二八メートル、排水量七万四三三トン、速力二七・六一ノット、軸馬力一五万四四七〇、軸回転毎分二二四・九、航続距離二四九三海里だった。次いで、伊予灘において、操舵公試、転輪羅針儀加速度公試、航跡儀試験、測程儀試験、測深儀公

試、諸兵器傾斜旋回試験、耐震試験を実施。

　速力二七ノット、舵角二〇度、取舵の状態で、旋回圏・横距離七〇〇メートル、一八〇度回頭にかかる時間は二分五三秒、船体傾斜八・五度、また、舵角三五度、面舵の状態で、旋回圏・横距離五四〇メートル、三六〇度旋回に要する時間は四分三〇秒、船体傾斜一〇・五度であった。速力一二ノットで舵角三五度をとると、速力は五ノットに落ちた。旋回による減速を元に戻すには、少なくとも七分間は直航する必要があった。


　六月二十四日、「大和」は柱島に警泊し、三日後に嶋田繁太郎大臣の来艦が予定されているために外部総油ふきを実施。

　艦船外部の塗装は、艦艇と砲艦を除く特務艦艇は、本舷全部および外舷の上端以下にある大砲とそのほかの付着物、外舷上端以上の部分をねずみ色に塗装することになっていた。内部の諸室内は白または適当な淡色とし、上層甲板上の内舷で外舷から見透かせる個所は外舷と同色とすることなどが規定されていた。

　昼食後、今回成功した対空弾の粒子を舷外浮標上で点火した。燃焼時間は長くはないが、八〇〇メートルは確実に燃焼しつつ飛翔《ひしょう》した。宇垣参謀長は『戦藻録』に、

「敵機御座んなれ、目に物見せん。速やかなる供給を望む」と、対空弾としての期待を記した。それは、のちに兵器に採用された九四式四〇センチ砲三式焼霰弾《しょうさん》（試製三式通常弾）、四〇口径一二・七センチ高角砲三式焼霰弾改一として搭載が実現する。

同日、「武蔵」は光港を出港し、第二回公試となる射出機公試、方位測定機公試、揮発油瓦斯《ガス》探知器試験を実施。

二十五日、「武蔵」は第三回公試のために光港を出港し、巡航全力（巡航超過全力を改称）公試を、前部喫水一〇・二八メートル、後部喫水一〇・七一メートル、平均喫水一〇・五メートル、排水量七万三〇二トン、海水温度一八度、燃料搭載量五二六四・八六トンの状態で実施。結果は、速力二一・六九ノット、軸馬力四万四五六〇、軸回天毎分一五六・四回転、航続距離六〇九五海里、巡航最大速力時には、速力一九・三六ノット、軸馬力三万三四一、軸回転毎分一三九・一、航続距離七三九二海里だった。

航続距離算定の基準となる速力を示す基準速力公試時では、海水温度一九度で、速力一六・一六ノット、軸馬力一万七五二七、軸回転毎分一一五・九、航続距離一万一四一海里だった。このほか、人力操舵公試、霧中標的曳航試験も実施された。

二十六日、「武蔵」は、航海中の注排水公試を実施し、十五時に呉軍港二五番浮標に係留。

二十七日、「大和」に大竹海兵団より嶋田大臣が来艦し、艦内を視察。

七月三日七時四十五分、「大和」は柱島泊地を出港し、魚雷に対する聴音訓練を実施。十時過ぎに呉軍港に入港。

七日十三時、「大和」は呉軍港を出港し、途中で対潜聴音を実施し、十六時に柱島泊地に帰着。

八日、宇垣参謀長は、「今日の敵は正に飛行機に在り、その攻撃圏(高角砲の有効距離)は八〇〇〇メートルを出ず。電波探信儀の利用、射撃速度発揮に依《よ》る散開弾の使用をもって、飛行機の攻撃圏に入る。新工夫新着想を求む」と、『戦藻録』に戦局の実情を記した。

九日、一戦隊一小隊「大和」、「長門」は、対空射撃訓練のために出動。

三十日、「大和」は柱島に警泊。宇垣参謀長は、一カ月半前のミッドウェー海戦の敗因を、「四月中旬頃《ごろ》の我兵力配備はすっかり米国の知得し在る所なりという。暗号解読にしてやられた。ミッドウェーの苦杯これに依る」と、『戦藻録』に記した。

三十一日十時、「大和」は単独で出航し、伊予灘において第一類教練作業と二万六〇〇〇メートルの弱装薬射撃を実施。十七時過ぎ、安下庄に仮泊。

八月一日七時、「大和」は泊地を出港し、対空射撃および単艦訓練を実施し、十五時、柱島に帰着。甲板温度二九度以上。

五日九時、二号艦「武蔵」は、造船造兵監督の臨検を受けて就役に適すと認められ、竣工式を経て軍艦「武蔵」となった。広大な前甲板で、艤装員長・有馬馨大佐、長崎造船所の造船造兵監督官の立ち会いのもとに竣工式が挙行され、引き続き後部甲板で「君が代」吹奏。九時四十五分、軍艦旗掲揚が行なわれた。艤装員長から艦長になった有馬大佐は、「海軍大佐有馬馨、ただ今より本艦の指揮を執る」と宣言。「武蔵」は聯合艦隊第一艦隊第一戦隊に編入され、艦籍は横須賀鎮守府となった。この日、広島県呉地区は、雲量八以上の曇天、最高温度三五・六度、最低温度二六・六度であった。

八月七日、米軍、反攻開始。米攻略部隊が、海空部隊の支援のもと、ガダルカナル島、ツラギ島、ガブツ島、タナンボコ島に上陸した。

五時二十分、「大和」艦上で当直参謀が、「ツラギに敵大挙来襲」を宇垣参謀長に報告。「大和」は、当日朝に出港して呉回航の予定だったが、この対策を練るために延期され、聯合艦隊は、ソロモン方面奪回作戦の準備に入った。

八日一時、聯合艦隊は、第二、第三艦隊の大部および「大和」を出撃させることを決定。

十一日十三時、「大和」は柱島を出港し、呉軍港に回航。

米海軍諜報部《ちょうほう》は、無線傍受の分析から、聯合艦隊司令長官がソロモン戦域に関心を示していることをつかみ、本土所在の聯合艦隊司令長官は、旗艦「大和」に座乗して指揮を執っていると判断。

十五日十三時、「大和」は呉軍港を出港し、再び柱島泊地に回航。

十七日、軍楽隊が、「大和」艦上で長官の昼食時に昼奏楽（一、行進曲　海の進軍、二、円舞曲舞踏会への招待、三、接続曲　暁の夢、四、行進曲　国民進軍）を演奏。これが、山本長官が内地で聞いた最後の曲となった。

第四章　ソロモン海域の「大和」ホテル

第二次ソロモン海戦

昭和十七年（一九四二）八月十七日十二時三十分、「大和」は、第七駆逐隊（「曙」、「潮」、「漣《さざなみ》」）「春日丸」（のちの「大鷹」）を率いて柱島泊地を出港し、クダコ水道を通過、十八時には佐田岬、一六ノットで豊後水道に入り、沖の島東方水路から外海に出た。速力一八ノット、針路一五五度で暗黒の海を南下していく。「大和」の任務は、カ号作戦支援（六八日間）である。

十八日、左舷方向に潜水艦を聴音、さらに魚雷音を聞く。艦隊は緊急回避したが、何の異常も認めれなかった。

二十日、「大和」は、ガ島北方海面への進出を命じられ、各駆逐艦は八時三十分から十七時ごろまで燃料を補給し、その後、速力一八ノットで航行を続ける。

二十一日、「(ガ島に上陸した)一木支隊、全滅す」の報に接する。一木支隊は約八五〇名が戦死、一五名が捕虜になった。米軍戦死は三五名。

「大和」は、針路を一四〇度に変更して南下を続けた。二十三時十分、グリメス島を、左艦首約二〇海里に認める。

二十二日、米海軍諜報《ちょうほう》部は、解読した暗号電報で「大和」の所在を知り、南西方面の作戦にかかわっていることを把握。

二十三日五時過ぎ、「大和」は、「極東丸」と護衛駆逐艦「浦波」を左舷前方に確認、八時前から「極東丸」より給油を受ける。十九時、「大和」は満載に近い二二四〇トンの補給を終えて曳索《えいさく》を離した。なお、給油作業中の白旗(灯)は「張れ」、赤旗(灯)は「止め」を意味する。

二十四日、「大和」は敵発見の報に接し、針路一五〇度、速力二〇ノットで急行。十九時ごろ、「大和」は、赤道を通過。二十三時、一六ノットに減速。第二次ソロモン海戦生起。米空母「エンタープライズ」を大破するも、空母「龍驤」を喪失。

二十六日、「大和」は、五時から針路を二七〇度にとる。八時、駆逐艦「曙」、「潮」、「漣」に対して補給を開始。

二十七日三時十五分、「大和」は、駆逐艦「潮」、「漣」を随伴してのトラック回航を決定。速力二〇ノット。十八時十五分、ナチット島を右舷正横八キロに視認。

二十八日十三時三十一分、「大和」は、トラック島北島（北水道の西側）、三三二〇度一五海里で、右舷一四〇度方向、三五〇〇メートルに魚雷の発射気泡、続いて雷跡三条を発見、変針して艦尾にかわす。「大和」、「潮」、「漣」を雷撃したのは米潜水艦「フライング・フイッシュ」（SS‐229）で、魚雷四本を発射した。米海軍情報部の日本海軍艦艇識別帳には「大和」が掲載されていなかったので、「金剛」型と判定された。

宇垣参謀長は『戦藻録』に、「敵は我制圧努力の不足を看取り、トラック出入り艦船の増加に鑑《かんが》み勇敢にも咽喉《いんこう》を扼《やく》せるものと云《い》うべき、威嚇投射等に恐れず尚発射（聴音発射）を為《な》し其《そ》の射線『大和』を掠《かす》めるは天晴《あっぱ》れと云うべし」と記した。

十五時三十分、「大和」は、日本の重要基地であるトラック島内にある春島（Moan）北西方向の第二錨地《びょうち》に、出撃以来一二日ぶりに投錨。「大和」はこの日以降、行動提要艦隊所定作業と訓練整備のみで、二五二日間、トラック泊地にとどまることになる。

直径三〇海里のトラック環礁内には、四季諸島の夏島（Dublon）、春島、秋島（Fefan）、冬島があり、さらに、七曜諸島と呼称される土曜島、木曜島、金曜島、水曜島、月曜島、日曜島のほか、子《ね》島、丑《うし》島、宝島、手島、南島、北島など、多数の島が存在していた。また、艦船の出入り口となる北水道を含めて、北東水道、小田島水道、皿島水道、南水道、花島水道、西水道の七つの水道があった。

夏島には、軍需部、経理部、港湾部、工作部、通信隊、水上機用基地があり、重油は、大型タンク四個（三個は一万トン級）に三万七〇〇〇トン、小型の連結タンク二個に二五〇〇トンが備蓄可能で、重油L1二〇〇〇トン、九二航空燃料一五〇〇トン、七八航空燃料一二〇〇トン、石炭五〇〇〇トンが備蓄されていた。夏島には食糧三カ月分が貯蔵されていて、前線基地の機能を果たしていた。

春島と楓《かえで》島にも航空基地があり、艦隊錨地は、戦艦、空母および巡洋艦用の春島錨地、修理艦艇用の夏島錨地、一般船舶荷役用のH錨地、軍艦、油槽船用のG錨地、根拠地隊、護衛隊所属艦船用のK錨地、駆逐艦用のP錨地、そして、潜水艦、潜水母艦用の錨地があった。竹島（Eten）には、一〇〇〇メートルの飛行滑走路があった。

ソロモン方面の戦闘に対処するために、聯合艦隊の大部分がここトラック諸島に集結することになる。

南太平洋海戦、第三次ソロモン海戦

九月四日七時三十分、「大和」は、錨地を夏島南方第一錨地に変更するために、春島第二錨地を抜錨。電気部員は、揚錨巻揚機の当番に就く。二五〇馬力のモーターが錨鎖を巻き始めると摩擦熱が生じるので、錨のかみ合う部分に注油をする。一回の作業で、黒鉛を混入した油を二～三斗（三六～五四リットル）も消費する。作業が終わると、廃液をふき取って掃除をする。

機動部隊の入泊を待っていた「春日丸」は、「大鷹」と改名して帝国艦籍に入った。五日九時三十分、第二艦隊が、十三時三十分、第三艦隊が入港。

九日九時五十分、「大和」は、「陸奥」を一戦隊二番艦として編隊出港し、「香取」ほか特務艦も追随。十一時三十分、錨地を第一錨地から夏島南方錨地に変更。

この時、機動部隊本隊（第三艦隊一航戦「瑞鶴」、「翔鶴」、「龍驤」〔「瑞鳳」欠〕）、第十一戦隊「比叡」、「霧島」、七戦隊「熊野」、「鈴谷」、第八戦隊「利根」、「筑摩」ほか、十戦隊「長良」（駆逐隊四隊：第四、第十、第十六、第十七駆逐隊欠）、「浦波」、「敷波」、「綾波」は冬島南方に転錨し、南東方面部隊作戦支援の前進部隊第二艦隊第四戦隊「高雄」、「愛宕」、「摩耶」（第五戦隊「陸奥」は、前進部隊の行動に追随せずに、第二駆逐隊の護衛のもと後方に残った。空母が中心の機動作戦において、低速戦艦はすでに作戦上の要求に合致しなくなっていた。そのため、「陸奥」は第一戦隊に編入される）、第二水雷戦隊、「由良」を含む第十一航空戦隊「千歳」、「山陽丸」は、十五時三十分に第一錨地を発し、北水道から出撃した。第三戦隊「金剛」、「榛名」は、待機部隊としてトラックにとどまった。

十一日、サヴォ島沖夜戦（米軍呼称：エスペランス岬海戦）生起。米海軍はSGレーダー射撃を採用しており、これ以降、日本海軍伝統の夜戦能力は、相対的にその優位性を失うことになる。

二十日、宇垣参謀長は、日本海軍の燃料事情を『戦藻録』に、「艦隊使用燃料は一日一万聴に及び、ラバウル方面では油槽船の不足を訴えている。内地の呉にある燃料の在庫量が六五万トンに減ずるという状況。このため艦隊の作戦行動に支障を来すが如《ごと》き事が無いことを望む。司令部も不要の行動を戒め努めて燃料の節約を期すことが肝要なり」と記している。

節約といえば、真水も同様であった。艦内生活で最も貴重な真水は、出撃時に、船倉甲板後部の二重底内部タンクと予備タンクに合計五〇九トンを満載する。乗組員には、機関科甲板士官の監督のもと、毎朝、洗面器一杯分の水が配給される。その水で、まず歯を磨き、口をゆすぐ。そのあと顔を洗ってタオルを洗い、最後にふんどしの洗濯である。洗面場は、流し当番が掃除する。

浴室（風呂）は、右舷上甲板中部（一三区付近）に長官、参謀長、艦長用（西洋バス、タイル張り）、左舷中部に兵員用一（一五区）と二（一六区）があり、左舷前部に士官用（五区）、左舷中甲板艦尾（二二区）に准士官用があった。

下士官と兵員用の風呂は海水湯で、入浴は分隊ごとに日を決めて、四〇人ぐらいが一斉に、湯を汚さないようにタオルを頭に載せて湯船に入る。順番は、先任下士官、上等兵曹、一等兵曹、二等兵曹、兵長、上等水兵、一等水兵、二等水兵の順である。

入浴時には、真水湯交換用となる碁石大の丸いブリキを三枚渡される。最初に浴室前の脱衣所で一枚渡して洗面器一杯の湯をもらい、これで体をせっけんでよく洗い、次にもう一枚渡してせっけんを洗い流す。そして、最後の一枚で海水の塩分を落とす。

洗濯には、暑さよけに最上甲板に張られたテントを緩めて集めた雨水を、チンケース（石油缶）、オスタップ（たらい）、空のドラム缶にため、冷房用ダクトから滴る水や冷蔵庫にたまった水なども利用された。

洗濯物は、当日朝に当直員が洗濯索を張り、食卓番が洗濯水をとってこれを定所に配置する。「総員被服、洗濯用意」の令により各員は洗濯すべき被服を用意し、「洗濯始め」の令で洗濯を始める。

「洗濯やめ」、「総員洗濯物干し方」の令により洗濯物をすき間なく洗濯索に結留して引き上げる。「大和」では、艦首部にある錨鎖甲板に干す。午後、業務終了後、「総員洗濯物卸し方」の令によって取り込む。

左舷上甲板の短艇格納所の右横に洗濯機室があり、常時二名前後の軍属が働いていた。利用できるのは准士官以上で、有料だった。洗濯機は大型一台と予備一台、そして大型の回転式乾燥器がある。洗濯係には役得があった。洗濯機に洗濯用水を入れてから蒸気を出して、いい湯加減で入浴ができたのである。洗濯機室の隣に仕上げ室があって、係員が汗まみれでアイロンがけをする。

真水の大切さが身に染みている乗組員は、南方特有のスコールを利用した。九月二十八日と二十九日にスコールがあり、十月二日と三日にもスコールがあった。

スコールの黒雲の気配が見えると、甲板士官から「スコール浴び方用意」の号令がかかる。先任者の体験談の指示通り、乗組員は、せっけん、洗面器、洗濯物を素早く用意して、ふんどし一丁で待ち構える。大粒の雨が甲板をたたくように激しく降る。一〇分もたつと、雨雲はうそのように通過して、再び太陽が照りつける。時には、雨はわずかの差で艦の上には一滴も降らず、海面に音を立てながら通り過ぎる。せっかく体に塗ったせっけんを洗い流すのに難渋することもあった。

厠《かわや》（便所）は、上甲板に長官、艦長専用、左舷前部（六区）に准士官以上、艦首部（一区）に前部兵員用、左舷後部（二一区）に後部兵員用、中甲板後部（二二区）に准士官用があった。洋式便器なので、乗組員の多くはなかなか慣れないで苦労したという。

九月二十八日、聯合艦隊参謀・渡邊安次大佐、第十一航空艦隊大前参謀、参謀本部作戦課・辻大佐、第十七軍・林参謀が、ガ島の陸軍一木支隊、川口支隊の失敗の原因をかんがみ、高速輸送船五隻の増勢を考慮し、本船団突入に際しての海軍航空作戦、支援部隊の砲撃などについて打ち合わせを行なった。

十月六日十六時過ぎ、第三戦隊錨地北方の住吉島に対して、装甲艦の砲撃を主目的とする徹甲弾（九四式四〇センチ砲九一式徹甲弾）、潜没中の潜水艦砲撃や非装甲部の対水上、対空および対水中目標の攻撃に用いられる零式弾（九四式四〇センチ砲零式通常弾）、航空機や陸上の目標を広範囲に捕捉し焼夷《しょうい》効果をあげる三式弾（九四式四〇センチ砲三式焼霰《しょうさん》弾）の実験射撃を実施。

八日八時十五分、「大和」は、夏島錨地の第四艦隊旗艦「鹿島」に接近。

十一日、第二艦隊と第三艦隊が、陸軍輸送船団のガ島揚陸および第十七軍飛行場総攻撃を支援するために北水道から出撃。山本長官が見送る。艦隊錨地が手薄となって警戒上不利となったので、十二時、「大和」と「陸奥」が春島南方に転錨。

十三日、挺身《ていしん》攻撃隊・第三戦隊「金剛」、「榛名」、第二水雷戦隊駆逐艦六隻は、陸上灯火（三カ所）を指導目標として（水偵および陸上観測を併用）、主砲間接射撃で、三式焼霰弾、零式通常弾および徹甲弾計九二〇発をガ島米軍飛行場に撃ち込み、飛行場は一面火の海と化した。陸軍は、重砲数千の威力に匹敵するとたたえて、さらなる続行を要望。

十八日、スコールあり。前進部隊の補給艦「健洋丸」は、「大和」と「陸奥」から各四五〇〇トン、さらに駆逐艦二隻に横付けして補給を受けた。「大和」は、戦艦ならぬ海上タンクとなっており、前線から帰投した艦船の乗組員に入浴などのサービスを提供して「大和ホテル」の異名をとっていた。

特殊鋼とさまざまな鋼鈑で造られている軍艦は、熱伝導が高く、艦内には熱源となる各種機械類が至る所に設置されている。灼熱《しゃくねつ》の南洋では熱気は夜になっても冷めず、艦内は蒸し風呂の中にいるようだった。甲板の鉄板部分はものすごい熱さになって、素足ではやけどをするほどであった。

この暑さを和らげてくれるのが、火薬庫用冷却機だった。「大和」型戦艦は、南洋および日本近海での作戦行動を想定して設計されており、そのため、居住区の環境に配慮して、通風系統に冷房装置を大掛かりに取り入れていた。熱源となる電動機類はフレーム内に収め、給排気の通風には低騒音でかつ防水も完備した軸流内通風機（小穴製作所と荏原製作所が製造）を使用し、居住区、砲塔内、機械室に合計二八二台（総出力一二八四馬力）の冷却機が設置された。冷却源には、主砲塔下部の装薬室を冷却する火薬庫冷却機（日立製作所亀戸工場と荏原製作所が製造）が利用された。

火薬庫冷却機はターボ式冷却機と呼称され、冷媒は「メチレンクロライト」だった。通常の通風空気を冷やすためのタンク内冷水管を、火薬庫冷却機から冷気を導いてさらに冷やし、同時に、空気中の湿気を露にして除去する。なお、四台合計で六〇万キロカロリーの力量で、使用は、煙路付近の加熱の影響を受ける中甲板中央部の兵員室、士官居住区に限定されていた。

射撃発令所や電信室は、冷房によって摂氏二七度程度に保たれて快適だった。湿気が除かれるために、日本海軍艦艇のなかで居住性は最上との評判であった。ただし、補機室は従来のままの換気通風だったために、補機部員のなかには、艦内でありながら日射病にかかる者が出たという。なお、暖房は、サーモタンクで給気を暖め、蒸気管から蒸気を導入して行なわれた。

十月二十四日、スコールあり。ガ島の第十七軍が、総攻撃を開始。

二十六日、南太平洋海戦生起。

二十七日、トラック島に警泊したままの「大和」は、任務を南太平洋方面作戦の支援（三二日間）に変更されたが、相変わらず艦隊所定作業に従事。夜、後部甲板で映画会を開催。

三十日、第三艦隊、第二艦隊が入港し、日本海軍の全艦隊が集結。

十一月九日、スコールあり。「大和」と「陸奥」は、出動部隊に米麦を補充。燃料だけでなく軍需部の仕事も引き受けて、「給糧艦」とも呼ばれるようになる。

林進軍楽兵曹はその手記に、「電話取次員が電話室で、明日『大和』が出撃してガ島の飛行場を艦砲射撃すると聞き込んできた。『大和』の主砲の威力を見せてやると喜んだのもつかの間、中止となってがっかり。これは、一般乗組員が知らぬことであった」と記している。

十二日、第三次ソロモン海戦生起。

十三日、「比叡」は、米雷撃機の攻撃を受けて舵機室に浸水し、航行の自由を失った末に沈没。

十五日、「霧島」が、米戦艦と交戦して沈没。

十一月十二日から十五日にかけて行なわれた第三次ソロモン海戦（米軍呼称：ガダルカナル海戦）、同月三十日のルンガ沖海戦（米軍呼称：タサファロンガ海戦）までは、米軍はレーダー操作に不慣れであったが、翌十八年七月五〜六日の中部ソロモン反攻に伴うクラ湾夜戦（米軍呼称：クラ湾海戦）、同月十三日のコロンバンガラ沖夜戦（米軍呼称：コロンバンガラ海戦）八月六日のベラ湾夜戦（米軍呼称：ベラ湾海戦）、十月六日のベララベラ夜戦（米軍呼称：ベララベラ海戦）では、米軍の夜戦能力は、射撃用レーダーの進歩と射法の改良によって急速に向上していた。

そして、十一月二日以降の北部ソロモン反攻に伴うブーゲンビル島沖海戦（米軍呼称：エン・オーガスタ湾海戦）、同月二十五日のブカ島沖海戦（米軍呼称：セント・ジョージ岬海戦）では、日本海軍は米軍のレーダー射撃に太刀打ちできなくなっていた。

十一月十六日、工作科が、ガソリンの空き缶に米、麦を半分満たして、海中に投棄し揚収する方法を実験。

二十日、艦側に展張する水雷防御網（四艦分）が到着。

三十日、駆逐艦による、ガ島への特殊輸送開始。ルンガ沖夜戦生起。

ガダルカナル島撤収

十二月一日、「大和」の任務は、再び全作戦支援となる。

八日、太平洋戦争は二年目に入る。宇垣参謀長、『戦藻録』に、「散華した一万四八〇二柱（十一月二十日調聯合艦隊）」と記す。

九日、「大和」は、水雷防御網を展張。

十七日夜、「大和」艦内で、ニュース映画および「ハワイ・マレー沖海戦」を上映。参謀長・宇垣中将（十一月一日昇任）以下、聯合艦隊参謀はしばし戦局を忘れて過去の思い出にふける。

十八日九時十五分、艦長・高柳儀八少将が退艦し、松田千秋大佐が「日向」から二代目艦長として着任。松田大佐は、戦略理論家として長らく海軍大学校教官を務め、砲術の権威でもあった。高柳少将は、第一艦隊参謀長に転任し、のちに海軍省教育局長を務めて軍令部次長となる。

十九日、慰問演劇団（佐藤千夜子・花柳京輔一行）来艦、自慢の芸（「支那の夜」、「誰

か故郷を思わざる」など）を熱演。山本司令長官以下、司令部員も楽しいひとときを過ごす。軍楽隊は、これを期に流行歌を多く演奏するようになる。

昭和十八年元旦、「大和」は、正月を南方のトラック島で迎えた。新年遥拝《ようはい》後、各分隊は無礼講で英気を養う。

四日、大本営は、ガダルカナル島全兵力撤収（ケ号作戦）を下令。

十四日、米英首脳はカサブランカ会議で、枢軸国（日、独、伊）に無条件降伏を強要する方針を決定。

二十一日、二号電波探信儀一型を装備した「武蔵」が、トラック島に進出して「大和」の隣に投錨。昭和十八年一月末のガダルカナル島放棄後の日本の対米海軍兵力比率は五五・六パーセント。

「武蔵」、聯合艦隊旗艦に

二月一日、イサベル島沖海戦生起。

ガ島奪回作戦を含む南東方面の作戦は、主として基地航空戦であった。ガ島奪回に失敗してブナ撤退を余儀なくされたのも、基地航空戦に敗れたためである。第十七軍が報告したガ島からの生還者は一万六六五二名。

九日、ガ島撤収「ケ」作戦を支援した前進部隊、航空部隊（任務は本隊および航空部隊の対潜、対空警戒など）、二航戦（「隼鷹」、「瑞鳳」欠）は、トラック泊地に帰投。山本司令長官は、第三水雷戦隊、第十戦隊の両司令官から「ケ」号作戦の報告を聞いて、「よくやってくれた。実は、駆逐艦は半分ぐらいはやられると覚悟していた」と述べたという（長官公室、私室の執務机の上には、山本司令長官の心境を示す「死中有生、生中有死」と書かれた小額が置かれていた）。

十一日、聯合艦隊司令部は、「大和」から旗艦「武蔵」へ移乗し、「大和」の檣頭から大将旗が降ろされた。

「大和」には、第一艦隊司令部施設はあるが、航空艦隊を指揮する施設がなかった。「武蔵」は、竣工を三カ月延ばして旗艦設備を整えていた。開戦一年前に聯合艦隊司令部が新たに編成され、人員が著しく増加し、作戦領域も広がっていたのである。主に改造されたのは第二幕僚事務室で、作戦卓を各戦略海面別に海図二枚大のものを常時広げられるように大きくし、同様に、作戦用の掛図を、海面別に四周の壁に掲示できるように木製の枠をつけて、情報整理と作戦処理および会議の際に都合がいいようにした。

聯合艦隊司令長官が不在となった「大和」では、乗組員一同が、憂さを晴らすために島々を巡って魚釣りに熱中した。そこで、新艦長・松田大佐は、礁内出動、運動訓練、主砲射撃訓練のほか、士官室士官を上甲板に集めて兵棋《へいぎ》演習を実施し、「大和大学校」と称された。

一方で、旗艦となった「武蔵」は、司令長官が座乗したことで活気づき、銃剣術や体操を実施して、「武術体育学校」と呼ばれた。

三月三日、輸送船団八隻、駆逐艦八隻による八十一号作戦で、第五十一師団輸送船団全滅（「ダンピール海峡の悲劇」）。

宇都宮第五十一師団主力約七〇〇〇名と海軍防空隊など約四〇〇〇名、および武器、弾薬、資材、食料、そして、「時津風」には安達司令官以下、第十八軍司令部員が乗艦し、船団は二列縦隊で、その前方と左右を駆逐艦が護衛した。「雪風」には、第五十一師団師団長・中村英光陸軍中将、参謀長、および幕僚のほか、陸兵約一五〇名、小発二隻、折畳み舟六隻が積み込んであった。三水雷戦隊参謀・半田少佐は、八十一作戦の立案者である第八艦隊参謀・神重徳大佐に対して、「この作戦は敵航空兵力によって全滅必至だから中止したらどうか」と申し入れたところ、「命令だから全滅覚悟でやってもらいたい」と言われてあぜんとしたという。

大本営は、「駆逐艦二隻（実際は四隻）沈没、輸送船五隻（実際は八隻）沈没、飛行

機七機自爆および未帰還」と発表した。東部ニューギニア・ラエに上陸したのは第五十一師団師団長以下八七五名、第十八軍司令官以下二八〇〇名はラバウルに帰投した。

これ以後、ラエ方面への輸送は潜水艦輸送に頼ることになる。

二十五日、大本営海軍部は、「第三段帝国海軍作戦方針」、「南東方面作戦陸海軍中央協定」を聯合艦隊司令長官に指示。

二十七日、アッツ島沖海戦生起。船団輸送失敗。これ以後、キスカ、アッツ両島への輸送は、潜水艦輸送のみに依存することになる。

山本聯合艦隊司令長官、戦死

四月一日、「大和」は出動訓練を実施。

三日、神武天皇祭終了後、後檣に揚がっていた大将旗が降ろされ、山本司令長官以下、司令部付き参謀が「武蔵」を退艦。山本司令長官は、い号作戦指揮のために、飛行艇でトラックを発しラバウルに進出。

七日、フロリダ沖海戦生起。

十八日、聯合艦隊司令長官・山本五十六大将乗機、ブーゲンビル上空で待ち伏せしていた米軍機P‐38Gに撃墜さる。山本司令長官の戦死は、「甲事件」と呼ばれて極秘とされた。原因は、巡視予定電報一三一七五五番電と第八根拠地隊の一四一二二一番電の二通が米軍に解読されていたことによる。南東方面艦隊司令部は、波一乱数表第二号（使用期間：昭和十八年一月三日〜二月十四日）と海軍暗号表Z甲（外南洋部隊暗号表甲、使用期間：昭和十八年三月一日〜四月十九日）によって暗号文を作成していた。海軍暗号表Z甲（米軍呼称JN20H）は、片仮名四八文字と長音が使用されており、HIHIは「秘密」、KUKUが「極秘」を意味していた。

「大和」は、トラックに警泊して所定作業に従事していた。

二十一日、古賀峯一大将が、聯合艦隊司令長官に親補。

「大和」の改装

五月八日、「大和」は内地に向けて、随伴艦「雲鷹」、「沖鷹」、「妙高」、「羽黒」、「潮」、「夕暮」、第二水雷戦隊「五月雨」と共にトラック島を出港し、各種訓練を実施しながら内地へ回航。

十三日、「大和」、柱島泊地に帰投。

十四日、「大和」は、軍隊区分・主力部隊となって、柱島を発し呉軍港に回航。

十五日、「大和」は呉軍港に警泊。任務は修理・整備作業に区分されて、火薬庫内の弾火薬を降ろすなど入渠《にゅうきょ》準備を実施。

二十一日、「大和」は、呉工廠第四号船渠に入渠し、渠中作業を実施（二〇日間）。聯合艦隊司令部から強く求められていた副砲塔の防御強化のため、副砲砲塔を陸揚げして、二八ミリ甲鈑の追加と、砲塔旋回部から侵入する爆弾の炸裂《さくれつ》に対する防炎装置の鈑厚増加が施工された。

亀ヶ首射場では、一番、四番副砲塔の露出した円筒支筒を強化するための射撃実験を行ない、八〇〇キロ爆弾が侵入しない対策が講じられた。副砲塔の防御力強化と同時に、高角砲と機銃下部にある揚弾薬機の中甲板の天蓋《てんがい》に水平防御鈑が追加された。

さらに、九六式二五ミリ三連装機銃を両舷二番、三番副砲塔の前後に各一基、爆風盾なし四基分（九番、十一番、十番、十二番）が増備されている。また、旗甲板（信号所）に信号指揮所を移して待機所が造られた。

基準速力公試速力一五・九一ノット、軸馬力一万七四三三、軸回転毎分一一五・四、毎時重油消費量七・七一トンから算出された航続距離は、計画時の一六ノットで八〇〇〇海里をはるかに超える一万海里となったので、重量超過（船殻と防御重量）対策として、缶常用の重油タンクを整理して満載重油量を五二六四トンに減少させた。

燃料満載時、「大和」の前後の重心位置は、約一メートル後方に片寄っていた。そこで、後部の不要重油庫を予備兼応急用重油タンクとした。その容量は一〇〇〇トン近くあった。いうまでもなく、重量配分は、艦の基本計画の最も重要な部分である。

また、一八センチ双眼望遠鏡を第一艦橋の防毒スクリーン外の後方両舷に張り出しを造って装備し、艦橋作戦室も改正された。照準望遠鏡の視認能力は、砲戦開始距離の増大に伴ってより高性能が要求されるようになり、一二センチ（二〇倍力）、一五センチ（一八・八倍力）、一八センチ（変倍二二・五～三〇倍力）の双眼望遠鏡が主に使用された。

双眼鏡の倍力とは、物標の目に映ずる角度の倍数をいう。つまり、二〇倍力とは、肉眼に比べて目に映ずる物体の角度が二〇倍になるということである。ただし、倍率を高くし過ぎると、視野（双眼鏡内に入ってくる光線の角度の範囲）が狭くなって、目標をとらえにくくなる。見張り標語録では、「戦闘の勝敗は見張りより」、「左警戒、右見張れ」、「ほかにも見張っていると思うな、油断大敵」などが強調されている。

二十九日、アッツ島守備隊玉砕。

三十日、「大和」は、呉工廠第四号船渠から出渠。

三十一日、「大和」は、呉軍港に繋泊し、七月十一日まで（三七日間）、補給、修理、整備作業に従事。この期間に、諸修理と改造が実施されたものと思われる。

六月八日、「陸奥」が、柱島錨地付近で爆沈。爆発原因を究明するM委員会が組織され、第三主砲塔弾薬庫の爆発と断定された。そして、疑いは、経年変化などの貯蔵試験を実施する間もなく艦隊に供給された対空弾（三式焼霰弾）に含まれる焼夷剤に向けられた。

発火原因を特定するため、爆発時に出た煙の色を特定する実験が行なわれ、その結果、生存者全員が茶褐色の煙と主張したことから、「三式焼霰弾（炸裂時には黄燐の白煙が発生）ニアラズ、装薬（綿火薬）の発火ト推定ス」と判定された。一時的に、三式焼霰弾（零式時限信管、その後、改正されて四式時限信管三型）の搭載は禁止されていたが、原因が判明したためにその措置は解除されることになる。しかし、装薬の自然発火は絶対にあり得ない。「陸奥」の爆沈の原因は、今もって謎である

二十七日、「大和」は軍隊区分・聯合艦隊主隊となる。

三十日、連合軍が、中部ソロモンのレンドバ島と東部ニューギニアのナッソウ湾に同時上陸。

七月五日、クラ湾において夜戦生起。

十二日、「大和」は、呉工廠第四号船渠に再入渠（一六日間）。二号電波探信儀一型二組の空中線を、一五メートル測距儀の左右に、仮称二号電波探信儀二型用伝導管電磁ラッパを、第一艦橋下の信号指揮所両舷に張り出しを造って装備した。また、すでに陸上移動用として好評を博していた一号電波探信儀三型（昭和十八年〔一九四三〕十月完成）を、空中線回転部を変更して後橋中央両舷に二基取り付け、電探室を含む工事が行なわれた。さらに、通信指揮室が改正され、指揮官卓を一段高めて第一受信室を含めて監督・指導できるようにしたほか、機密暗号室が設けられた。

十七日、「大和」は、第四号船渠を出渠。

十八日～二十日、「大和」は、呉軍港に警泊して整備作業に従事。

二十一日、「大和」は、呉軍港を出港し室積沖に回航して、速力試験を実施。翌二十二日に出動訓練を実施して柱島に帰投。任務は全作戦支援となる。

二十三日～二十四日、「大和」は、柱島錨地に警泊して所定作業に従事。

二十五日、「大和」は伊予灘において、装備した電波探信儀の探信能力および測距測角精度実験を実施。本実験では、二号一型と二型追加装置（等感度方式精密測角装置）装着の性能も確認された。同日、平郡島沖に仮泊。

二十六日～二十七日、「大和」は、出動訓練を実施して柱島錨地に帰投。

二十八日、「大和」は柱島を出港し、電波探信儀利用射撃の距離観測実験を実施。兜島《かぶと》沖に停泊。

二十九日六時、「大和」は同地を出港。電波探信儀を利用した左舷遠距離並行対勢射撃による第一作業では、二号二型零感度方式（反射波の感度をゼロにして目標の方向を測る方法）による間接射撃、第四作業では、副砲弾水柱による弾着観測実験、近距離近対勢射撃（第二作業）、近距離並行対勢射撃（第三作業）、主砲弾水柱による実験（弾着観測実験、第四作業）を実施し、平郡島沖（安下庄）に仮泊。

二号二型は、第一作業では一四～一五キロで目標を捕捉したが、第四と第六作業では感度がなく不合格となり、「仮称三式二号電波探信儀二型」と呼ばれてそのまま搭載された。

三十日五時三十分、「大和」は同地を離れ柱島錨地に帰投し、艦隊区分・聯合艦隊第一戦隊、軍隊区分・主力部隊、任務が全作戦支援・艦隊所定作業・泊地警戒・敵兵力撃破となった。

三十一日、「大和」は、柱島から呉軍港に回航。

八月一日～四日、「大和」は呉軍港に警泊し、補給・整備作業に従事。

（一） 軍艦大和裝備電波探信儀實驗

二號二型は感なし.

2. 電波探信儀利用實驗射擊（七月二十九日實施）

作業	電探測距（100米）	電探測角（度）	測距儀測距	方向角	彈着（度）	記事
第一作業（舷遠距離併行對勢射擊）	113	右87	105	右88	(+)14 (−)1	二號二型 14〜5 粁にて捕捉
	112	87	105	88·5	(+)10 (−)1·1	二號二型零感度方式に依る間接射擊
第四作業（副砲彈水柱に依る彈着觀測實驗）	照尺 105					二號二型にては感なし 二號一型にて彈體の感あり（距離約50, 感3〜4）
第二作業（近距離近對勢射擊）	50	33	54	32	(+)10 (−)0·4	二號二型零感度方式
			52	32	(+) 9 (−) 1	に依る間接射擊
第三作業（近距離併行對勢射擊）	50	左74	54	左78	(+)7 (+)5·8 (+)1·5 (+)1·5	二號一型に依る間接
					(+)3·25(+)1·7 (+)5·5 (+)1	射擊
第六作業（主砲彈水柱に依る彈着觀測實驗）	照尺 100					二號二型感なし 二號一型は水柱反射波を感1約1秒距離130に認めたり，その前距離約50及70に彈體の反射波を認めたり（感2〜3）

「大和」の電波探信儀実験記録。昭和18年6月下旬、「大和」は、対空見張り用二号電波探信儀一型と一号電波探信儀三型、対水上見張り兼射撃用二号電波探信儀二型を装備した。翌7月中旬、高松宮殿下をはじめとして、海軍中枢部委員約40名が「大和」に乗艦して、伊予灘で訓令実験が実施されている

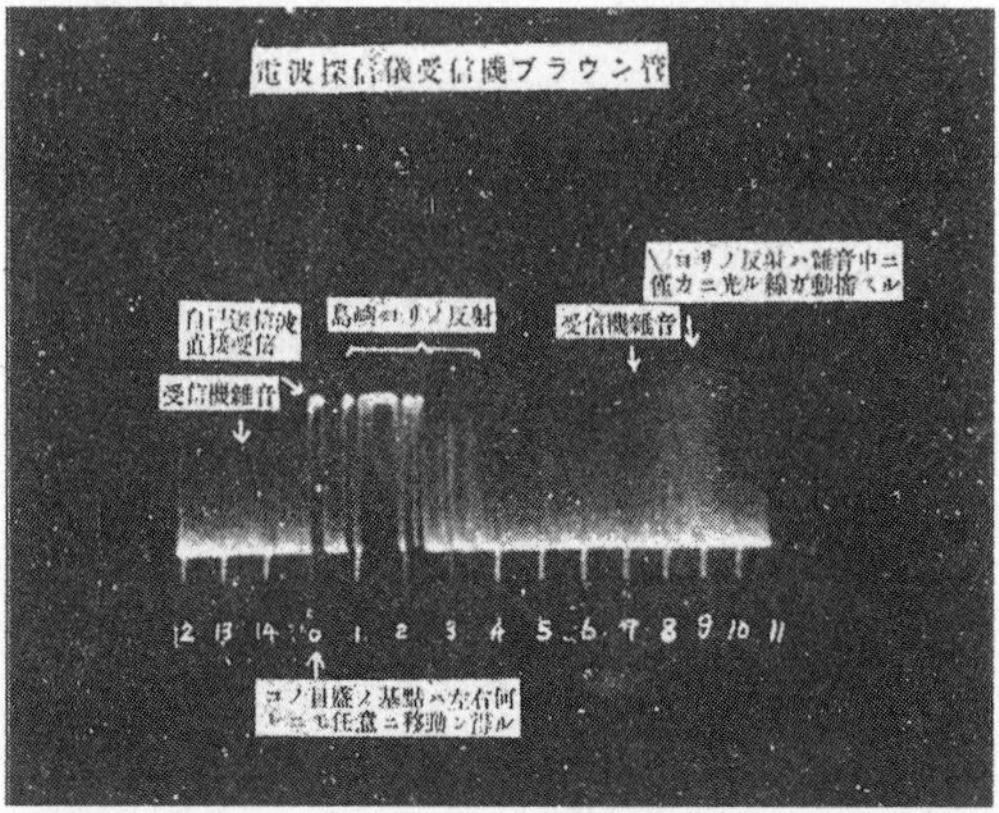

探信状況。電波探信儀の受信機のブラウン管に表示された島嶼（とうしょ）の反射である

五日～十一日、「大和」は、兜島沖と柱島沖を往復して呉軍港に帰着。

十二日～十五日、「大和」は、補給・整備作業に従事。

なお、栗田健男中将は、同月九日に第二艦隊長官に補され、横須賀で近藤信竹中将と交代して旗艦「愛宕」に乗艦。参謀長は小柳冨次少将。

十五日、聯合艦隊は、八月十五日以降の「第三段作戦命令」を発令。

十六日、前日の軍隊区分で戦艦部隊となった「大和」は、呉軍港を出港し平郡島沖に仮泊。

改装を完了し再びトラックへ

八月十七日、米英両首脳は、第一次ケベック会談を開催して対日戦略を協議。

「大和」は、平郡島からトラック島へ回航（七日間）。「大和」の随伴艦は、「扶桑」、「長門」、「大鷹」、「愛宕」、「高雄」、「潮」、「秋雲」、「夕暮」、「天津風」、「初風」であった。

二十三日、「大和」は、この日から一一〇日間、途中ブラウン（米軍呼称：エニウェトク）に出撃した九日間を除いて、トラック島に警泊して、所定作業、出動訓練に励むことになる。

工作艦「明石」ほどではないが、「大和」は、艦隊では随一の工作設備を誇っており、艦内の機械工場には、旋盤、形削盤、中グリ盤、フライス盤、ボール盤、万能研磨盤、溶接工場には、鍛冶《かじ》炉、電気溶接器、アセチレン溶接器、鋳物工場にはルツボ炉、電気工場には旋盤、小型研磨盤、木具工場には帯鋸《たいきょ》盤、木工旋盤などがそろっていた。それらを利用して、艦内諸装置の修理、在泊艦が訓練中に折損した二五ミリ機銃の発条の作製、輸送船や駆逐艦の修理を行なった。

九月七日、大野竹二大佐（伊集院五郎元帥の次男）が、「大和」の第三代目艦長として着任。松田艦長は軍令部部員に転任。

新艦長を迎えた「大和」は、八日と二十八日、二十九日の三日間、出動訓練を実施。その後は、所定作業を行ないながら警泊。

十九日、米機動部隊が、ギルバート諸島に来襲。

十月六日、米機動部隊が、大鳥島（米軍呼称：ウェーク島）に来襲。

十四日、「大和」は、出動訓練を実施。

十五日、全国で学徒の徴兵検査を実施（海軍予備学生制度は、昭和九年の航空科予備学生制度の導入が最初。十三年には航空機整備予備学生の拡充採用を開始。そして、十七年一月には、一般兵科第一期予備学生（文科系学生）三五〇名が採用されている。基礎教育および術科教育を終了すると、海軍予備少尉に任官する）。

十六日、聯合艦隊は、敵がウェーク島、マーシャル方面に同時に来攻した場合の作戦である「丙作戦第五法警戒」を発令（二十六日に解除）。

十七日七時五分、聯合艦隊は、「米機動部隊、マーシャル方面へ来攻の公算大」の情報によりトラック島泊地を出撃。

聯合艦隊司令長官・古賀峯一大将座乗の第一戦隊・主隊旗艦「武蔵」、「大和」、戦艦部隊・第二戦隊「長門」、「扶桑」、邀撃《ようげき》部隊・第二艦隊第四戦隊「愛宕」、「高雄」、「摩耶」、「鳥海」、第五戦隊「妙高」、「羽黒」、第二水雷戦隊「能代」、第二十四駆逐隊、第二十七駆逐隊、第三十一駆逐隊、「玉波」、「島風」、「五月雨」、機動部隊・第三艦隊第一航空戦隊「瑞鶴」、「翔鶴」、「瑞鳳」、第二航空戦隊「隼鷹」、「飛鷹」、「龍鳳」、第三戦隊「金剛」、「榛名」、第七戦隊「熊野」、「鈴谷」、「最上」、第八戦隊「利根」、「筑摩」、第十戦隊「阿賀野」、第四駆逐隊、第十駆逐隊、第十六駆逐隊、第十七駆逐隊、第六十一駆逐隊は、ブラウン（エニウェトク）へ急きょ進出した。

十九日十二時四十分、聯合艦隊は、ブラウンに入泊。古賀司令長官は、米機動部隊がウェーク方面にのみ来襲した場合の邀撃要領を下令。四日間、警泊待機したが、敵との遭遇はなかった。

同日、スターリンが、モスクワ会談時の夕食会で米側に、ドイツ降伏後の対日参戦を伝達。

二十三日一時五十五分、聯合艦隊は、ウェーク西方に向けて出撃。機動部隊は、ウェーク南西二〇〇海里で飛行索敵を実施したが、敵情を得ずトラックに回航。二十五日未明には、主隊戦艦部隊を目標とする航空戦教練、午後は主砲偏弾射撃などの諸訓練を実施し、二十六日十五時、「大和」以下、一九隻の聯合艦隊は、トラック島泊地に帰着。この航空戦教練中に、「最上」観測機が行方不明になった。

「大和」は、この日から十二月十一日までの四六日間、警泊して所定作業に従事することになる。

この出撃によって、トラックの艦船用燃料タンクはほとんど空となった。毎月五万トンを消費するのでこのままでは六カ月もたない状況で、内地からの補給が必要だったが、内地の貯蔵量もきわめて少なかった。

十一月五日、ブーゲンビル島沖航空戦開始。十一月のギルバート進攻前の日本の保有海軍兵力の対米比率は三九・四パーセントであった。

十九日、聯合艦隊は、米機動部隊のギルバート諸島来襲に対応して、「丙作戦第三法」警戒を発令。

米潜水艦の雷撃

十二月十二日、「大和」は、戊《ぼ》一号作戦のために、「翔鶴」、「秋雲」、「風雲」、「谷風」、「山雲」を随伴して横須賀軍港に回航。

十七日、「大和」、横須賀着。軍隊区分・輸送部隊主隊、任務戊一号輸送作戦を命じられる。

二十日、「大和」は、前月に宇都宮で編成された独立混成第二連隊二八九四名、四一式七・五センチ山砲、九二式七センチ歩兵砲、トラック一〇数台、大発一〇数隻、糧食などを積載。物資を満載するために、飛行甲板上の観測機三機は降ろされた。積載完了後、護衛駆逐艦「谷風」、「山雲」を伴って、トラックに向けて出港。

二十五日未明、「大和」は、トラック島西方一八〇海里を航走中、右舷機械室後端付近に被雷、爆発の衝撃で舷側甲鈑の下端部が内側に湾曲し、甲鈑背材構造の三角ブラケットが弾片防御隔壁を突き破り、機械室と上部火薬庫付近に浸水が生じた。一時的に、第三主砲塔は使用不能に陥る。

魚雷は、第三番主砲塔付近（一七〇番助骨）の右舷舷側甲鈑上列装甲鈑（四一〇ミリVH甲鈑、取り付け角度二〇度）下縁付近、喫水線下一・二メートルに命中した。艦内拡声器から「対潜戦闘の備え」が流れるなか、被雷個所付近に応急措置として分厚いマットが張られ、内側から鉄鈑が鋲打ちされた。

雷撃を実行したのは、米潜水艦「スケート」（SS-305）であった。米側は戦後になって、「スケート」が雷撃した大型艦が、日本海軍の最新鋭戦艦で、世界最大の巨砲を搭載する「大和」であったことを知ることになる。

被雷後、「大和」は一八ノットに増速し、同日八時ごろ、トラック島錨地に入港した。「大和」は、北部ニューアイルランド島およびアドミラルティ諸島方面の第八方面軍に対する陸軍兵力の輸送・戊作戦を完遂《かんすい》したのである。

入港後、陸軍将兵は迎えの大発に移乗し、水兵は物資の揚陸を行なった。工作艦「明石」の潜水艇による調査で、「大和」の被雷個所には大孔《おおあな》が開いていることが判明したが、船渠のないトラック島では修理は不可能だった。

昭和十九年一月一日、新年遥拝後、各分隊無礼講。艦内競技会が催され、分隊対抗

で相撲、剣道、柔道などが行なわれた。移動映画班が飛行機で到着し、露天甲板中央に映写幕を張って、エノケン・アチャコの喜劇映画が上映された。

十日、「大和」は、随伴艦「藤波」と共に、トラック島から呉軍港へ回航。

十一日十八時、敵潜水艦を発見し、「藤波」が攻撃を実施（米潜水艦「ハリバット」〈SS－232〉）。

十四日二十三時三十分、米潜水艦「バットフィッシュ」（SS－310）は、未確認艦艇（「大和」）をレーダーで探知したが、射点には到達できなかった。

十六日、「大和」、呉軍港に帰投。

二十五日、「榛名」艦長・森下信衛大佐が、第四代目艦長として着任。森下艦長は、水雷科畑のベテランであった。

二十八日、「大和」は、被雷損傷個所調査のために呉工廠第四号船渠に入渠。バルジは、長さ約二五メートル、縦五メートルにわたって破壊されており、「大和」は、修理ならびに改造工事に入った。乗組員は、兵器の手入れ、整備作業、水線下外の「カキ落とし」、艦底のペンキ塗り作業を行なう。「大和」は、この修理の期間を利用して、かねてからの懸案であった、副砲塔円筒の強化、電波探信儀（レーダー）の装備（対空捜索用二号電波探信儀一型、水上捜索用仮称二号電波探信儀二型、空中捜索用一号

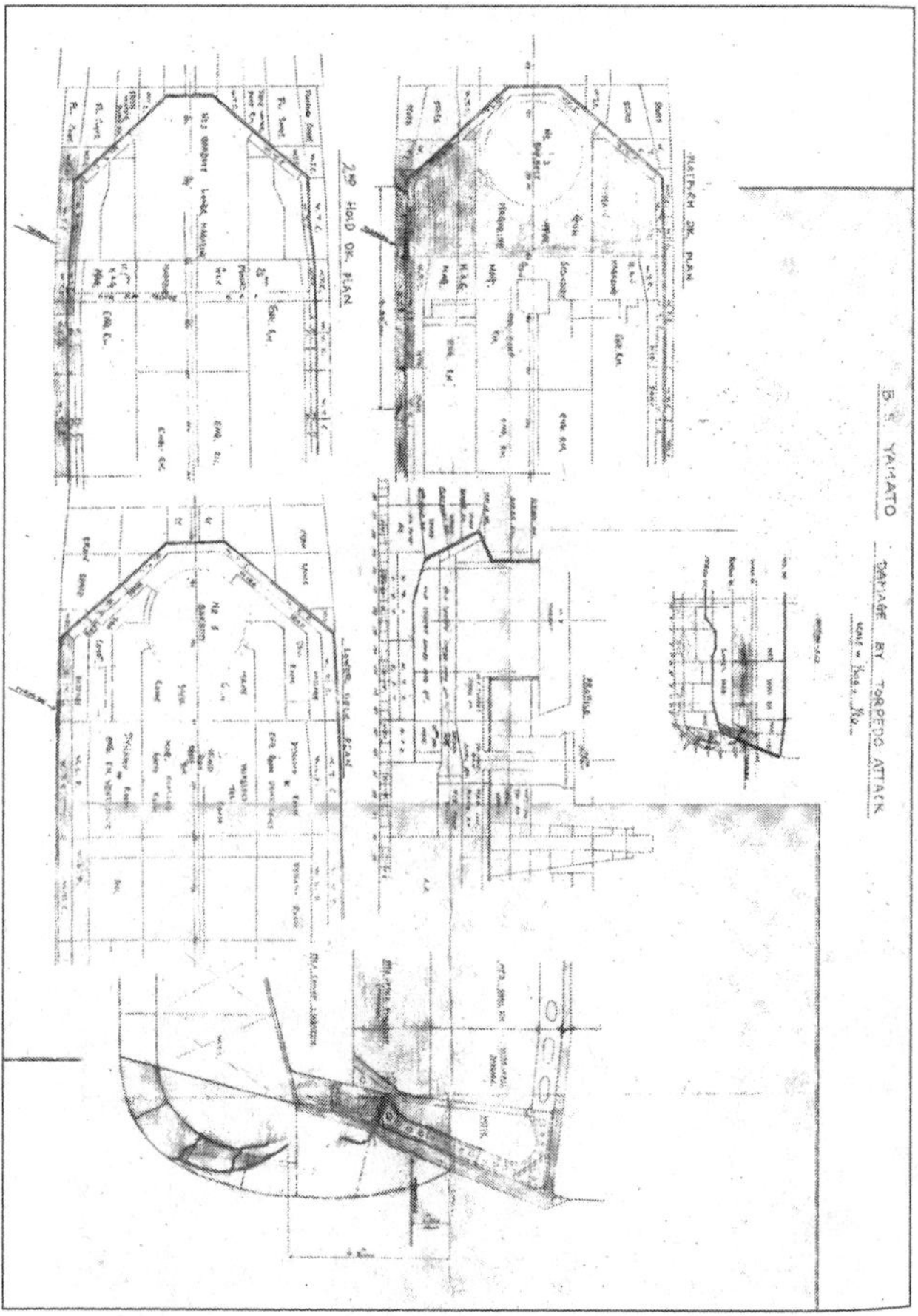

戦後に米海軍の要請によって作成された、18年12月25日にトラック島北方で被雷した際の「大和」の状況図

電波探信儀三型）を実施した。さらに、対空兵装強化のために、三連装二五ミリ機銃四挺が増備された。

横須賀海軍砲術学校の北村委員が作成した「艦船対空砲装の研究」によれば、太平洋戦争の戦訓に基づく「大和」型戦艦の砲装案は、高角砲四門（四連装砲塔一基）二群（艦首尾各一群）、機銃片舷九門（三連装三基）二群（艦首尾各一群）とされていた。

また、所望の戦艦の砲装は、高角砲片舷八門（二連装四基）一群、艦首尾砲火六門（二連装三基）各一群。機銃片舷一八（三連装六基）一群、艦首尾砲火一二門（三連装四基）各一群（舷側にも使用可能）となっていた。

再度の改装と対空兵装の強化

二月三日、「大和」は、六日ぶりに修理船渠から出渠。「赤錆《あかさび》た船体も塗り替えられ、見違える艦影となった。この時、露天甲板は、一種の黒茶の塗料のようなものが塗られ汚らしい色になった。辛い甲板洗いの無くなった水兵は小躍りして喜んだ」（森下久著『戦艦大和と共に』）。

四日、米軍偵察機（ＶＭＤ－２５４）が、トラック島で初めて「大和」型戦艦「武蔵」の撮影に成功。米側はこの写真を解析し、「大和」型戦艦の要目を、全長二五六メートル、幅三八メートル、兵装は主砲三連装一六インチ砲九門（第一砲塔は艦首から六四メートルの位置）、副砲（おそらく八インチ砲）二連装八門、五インチ連装砲一二門、四〇ミリ連装対空火器八基、二〇〜二五ミリ四連装機銃一六〜二四挺と推定した（レーダー装備は不詳）。

この時、「武蔵」は、陸上との速やかな通信連絡を期するために、夏島西岸の潜水艦基地隊の艦隊給水場所、防備隊からの海底電線が延びる電話付き浮標に係留していた。

「大和」と「武蔵」の識別点は、後部飛行機用デリックの形状、前橋ヤードの傾斜、高射指揮装置の位置であるといわれている。

十日五時、「武蔵」は、「大淀」、「白露」、「満潮」を随伴し、横須賀に向けてトラック泊地を出港。ほかの巡洋艦と駆逐艦四隻は、パラオに向けて出港した。

十五日十二時二十五分、「武蔵」は、総航行時間一二七時間一五分、総行程二三〇五・七八海里（四二八〇キロ）をかけて母港・横須賀軍港に帰投し、神三番ブイに係留した。

十七日〜十八日、米機動部隊（空母五隻、護衛空母四隻）は、トラック島を延べ一一六四機（艦船攻撃八六六機、地上爆撃二九八機）で空襲。艦船をレーダー照準爆撃した爆弾・魚雷三四七トン、飛行場、格納庫、油槽タンク、弾薬庫などに投下した爆弾六三トン、対空砲火による被撃墜一〇機、作戦運用中の損失八機であった。

日本側の損害は、沈没艦艇一〇隻（一万七八〇〇トン）、沈没船舶三一隻（一九万三五〇〇トン）、損傷艦艇一一隻、飛行機の損耗二七〇機、燃料タンク三個（一万七〇〇〇トン）、軍需倉庫および航空廠建物の一部、糧食二〇〇〇トン、沈没艦船の乗組員を除いた死傷者は六〇〇名に及んだ。ここに、難攻不落というトラック神話は崩壊した。米側は、トラックの航空戦力を粉砕することによって、エニウェトクの孤立化とラバウルの無力化を達成したのである。

十九日、米軍は、ブラウン環礁に上陸（日本の守備隊は、エンチャビ島は十九日、エニウェトク島は二十一日、メリレン島は二十三日に玉砕）。

当時、日本軍の海上輸送は作戦全域で、敵潜水艦と敵機の一方的な攻撃に遭ってほとんどまひ状態にあった。最前線に対する補給の成否は、戦争を継続するうえでのキーポイントである。

そこで、「武蔵」が、陸軍一個大隊と、海軍特別陸戦隊一個大隊の軍需品を前線基地に運ぶことになった。行き先はパラオである。日本海軍が太平洋の拠点としていたトラック泊地は、米軍の爆撃によってその機能を喪失していた。

二十四日十時、「武蔵」は、横須賀軍港沖三番ブイから出港。陸軍部隊三〇〇〇人、トラック、兵器、弾薬など大量の輸送品を積載したために、排水量は、艦長・朝倉豊次大佐が在任中（昭和十八年二月五日～十九年八月十一日）で最大の約七万四〇〇〇トンとなった。

「武蔵」は、護衛駆逐艦「白露」、「満潮」を随伴して一路パラオへ向かったが、八丈島西方付近で大型台風に遭遇する。「武蔵」は、風速四五メートル、二〇メートルのうねりのなかを一番、二番主砲砲室を荒波に突っ込みながら速力一八ノットで単独航行するが、甲板上の貴重なガソリン缶の一部が流失する。「白露」と「満潮」は、山のような波浪の上に乗って赤い艦腹を見せスクリューを空転させたかと思うと、見る間に波の谷間に落ち込む。さすがの「武蔵」も、大きくローリング、ピッチングを繰り返す。丸一日かけて暴風雨を切り抜けた。

二十五日、「大和」は、第二艦隊第一戦隊第一小隊への編入と同時に、呉工廠第四号船渠に再入渠（二三日間）し、以下の改装を実施した。

上部火薬庫内側に縦壁を新設、舷側に水防区画を設置、甲板受材取り付け強化の対策を実施。両舷の二番、三番副砲塔と前回増備した機銃四基を撤去、八九式四〇口径一二・七センチ連装高角砲を両舷三基合計六基一二門、九六式二五ミリ三連装機銃二一基を増備。

二番、三番副砲塔を撤去した付近に下部高角砲甲板を造って、一二・七センチ連装高角砲を両舷各三基搭載。従って、高角砲は従来の六基と合わせて一二基二四門となった。この際に、爆風よけ盾が間に合わなかったので後日装備とし、従来の六基分の盾を新設高角砲に転用したために、既装備の高角砲はむき出しとなった。副砲弾庫と動力室は中部機銃弾薬庫とされ、三番、四番下部機銃揚弾薬筒と五番、六番下部高角砲弾薬筒が設置された。

増設された下部高角砲台に一二・七センチ連装高角砲三基が増備されたことに伴って、後方の九六式一五〇センチ探照灯七番（右）と八番（左）を撤去し、九四式高射器三番（右）と四番（左）を増備。高角砲分隊は、一分隊が増えて第五分隊（前部）と第六分隊（後部）となった。

二五ミリ三連装機銃の爆風よけ盾八基を、既存機銃座から新設機銃座に移設。別の増備機銃には、縁をなくした丸みのある急造爆風よけ盾八基が装着された。爆風よけ盾がない一番副砲塔両舷の各一基、二番副砲塔（旧四番副砲塔）横の右舷二基と左舷一基は、指揮装置のない特設三連装機銃として増備された。日本海軍は、敵三機編隊の来襲に対して、一航過に少なくとも一機を撃墜することを想定し、高角砲は八門二群（計一六門）が必要と考えており、高角砲八門一群、機銃一八挺を装備した。

前檣楼第二艦橋横にあった一番と二番探照灯の九六式管制装置の場所に、三番、四番九五式機銃射撃装置を増備。

煙突基部前方の五メートル高角測距儀を撤去した跡に五番、六番九五式機銃射撃装置、後部艦橋基部両舷に九番、一〇番、飛行機格納庫上の飛行機整備甲板後部射出機指揮所両側に十一番、十二番九五式機銃射撃装置を増設。二五ミリ三連装機銃の九五式射撃装置は新旧合わせて一二基となり、機銃分隊は、一分隊増加して第八分隊（前部）と第九分隊（後部）となった。

対潜水艦戦に不可欠の兵器で、敵にレーダー探知されていることを感知するE27逆探装置である仮称超短波電波探知器（配置員三名）を装備。仮称超短波電波探知器は、昭和十八年（一九四三）秋より量産が開始されて、戦艦から順次装備が始められ、全艦に採用された。（生産数約八〇〇台）。

また、先の訓令実験で未了となった一号電波探信義三型の性能確認実験が実施され、二型一号よりはるかに簡便、軽量で探知性能が良好であることが確認された。仮称二号電波探信儀二型の位置が上部見張り所下に高められ、送信電磁ラッパを二・三メートル延長して感度の増大が図られた。

すでに舷窓整備訓令が出ていた舷窓閉塞《へいそく》(満載喫水線上五メートル以下)が、この時に実施されたものと思われる。「大和」には三九六個の舷窓があったが、右舷一五四個、左舷一六六個が閉塞された。強化ガラスの舷窓は、一般に円形で、艦尾方向に開くことを原則とし、机に対して左採光になるように配置することが理想である。

二十九日(うるう年)十八時七分、「武蔵」は、パラオ環礁西水道を面舵にとって南下し、パラオ港マラカル島二六八度、一二〇〇メートルに投錨。総行程二〇〇九・〇七海里(三六二〇キロ)、総航行時間一二七時間五七分であった。

三月一日、大本営は、第一機動艦隊(第二、第三艦隊司令長官・小澤治三郎中将)を新設して聯合艦隊に編入。

十八日、「大和」は、第四号船渠を出渠。最後となる修理と出渠ののちに公試を行ない、弾薬、食料、真水などを搭載。

二十九日、パラオ南東四九〇海里に、敵空母二隻、戦艦二隻ほか一〇数隻を発見し、パラオ在泊艦船は出港して避退。聯合艦隊司令部は十四時三十分までに陸上に移り、「武蔵」は遊撃隊に編入された。参謀長・福留繁中将は、「武蔵」後部甲板において艦長・朝倉大佐に、「艦隊は、一応外洋に出て敵の空襲を避退させる。そして、司令部は陸上に上がって指揮を執る。敵の空襲は南東ないし南からと判断されるから、艦隊はパラオ北方、北西、一七〇～一八〇海里付近まで避退すれば大丈夫だろう。敵が去ったらパラオに帰投し、司令部は再び『武蔵』に復帰する」旨を、口頭で指示した。

この後、聯合艦隊司令部首脳は、二式飛行艇一番機（八五一空機）に司令長官・古賀峯一大将、首席参謀・柳沢蔵之助大佐、上野権太艦隊機関長ら、二番機（八〇二空機）に参謀長・福留繁中将、作戦参謀・山本祐二中佐らが分乗して、フィリピン・ミンダナオ島ダバオを目指したが、一番機は行方不明となり、二番機はフィリピン・セブ島沖に不時着した。福留参謀長、山本作戦参謀および掌通信長・山形中尉らはゲリラに捕らえられ捕虜となるが、ゲリラ討伐の陸軍部隊に救出される。古賀司令長官は戦死とされたこの遭難事件を、秘匿名で「乙事件」と称した。

「武蔵」、雷撃さる！

同日の二十九日十五時三分、「武蔵」は、敵の空襲を回避するために、満潮時にのみ通過できるパラオ西水道を急きょ出港した。それから三〇分ほどがたったころ、パラオ三四一度三〇海里で「左戦闘ラッパ」が鳴り響いた。

十七時四十五分、「武蔵」は、下から突き上げるような衝撃に襲われた。水道出口付近で、中前部に魚雷一本を被雷、六層ある昇降口のふたが空高く吹き飛ばされ、昇降口から海水が巨大な噴水のように噴出した。命中個所は、前部水防区画のすぐ後方、左舷二七番ビーム下約六メートルで、左側外飯に直径七〜八メートルのほぼ丸い孔が開いた。「武蔵」初の七名の戦死者が出た。雷撃したのは、米潜水艦「タニー」(SS−282)であった。

十八時三十分ごろ、「武蔵」は、主隊直衛駆逐艦の爆雷攻撃を後に、応急処置を終えて北上点に向かった。

二十時四分、被雷の報告を受けた聯合艦隊司令部は、「武蔵」に、「浦風」、「磯風」を護衛として呉軍港に回航し、修理することを命じた(総行程一九六〇・九海里、総航行時間一二一時間三二分)。三十日、米軍は、ホーランジャ攻略作戦の支援およびパラオ攻略作戦を見据えて、空母一一隻、戦艦六隻、巡洋艦一三隻をもってパラオを空襲。日本側は、工作艦「明石」を含む艦船六隻、船舶一八隻(七万七一一四トン)が沈没、座礁三隻、航空機一四七機が損害を被った。

四月十日十時三十分、「武蔵」は、呉工廠第四船渠に入渠し、被雷個所の修理と対空火器の強化、そして、二号電波探信儀二型と一号電波探信儀三型を装備した。

対空火器強化の一環として、一五・五センチ三連装副砲（一発の実弾も発射していない）が撤去されたが、その跡に搭載すべき八七式四〇口径一二・七センチ連装高角砲がない。そこで、両舷の高角砲台に二五ミリ三連装機銃を三基ずつ搭載した。同時に、訓令工事により機銃が増設されて、機銃員は、前部第六分隊、後部第七分隊の大所帯になった（二十七日九時三十分出渠）。

十一日、「大和」は、諸公試のために伊予灘に向けて呉軍港を出港し、室積沖に到着。

十二日、「大和」は、室積沖を発し柱島泊地着。翌日から配置教育を実施。

十五日、「大和」は、出動訓練のために柱島を出港、室積沖に仮泊し、翌日、徳山湾に向かう。

十七日、「大和」は、呉軍港に戻り、三日間にわたって輸送物件（食料、軍需物資）の搭載と補給を実施。

二十一日、「大和」は、呉軍港を出港しフィリピン・マニラへ向かう。「摩耶」、「島風」、「雪風」、「早霜」、「山雲」が随伴。

二十六日、「大和」、マニラ着。コレヒドール島を左舷に見ながらマニラ湾に警泊し、翌日、輸送物件を機帆船と大発で陸揚げ。
二十八日、「大和」は、「摩耶」、「島風」、「雪風」と共にマニラを出港し、スマトラ島リンガ泊地へ向かう。二日後に、「浜風」と「朝霜」が合同。

「あ」号作戦発動

五月一日、「大和」以下、リンガ泊地に入港し、人員一六〇〇名、補給器材二〇〇〇トンを無事に託送。「大和」は、軍隊区分・機動部隊となり、泊地に警泊して補給にあたった。

リンガ泊地は、シンガポールの南南東約一三〇海里にあるスマトラ本島中央部東岸と、リオゥ島、リンガ島、シンケップ島に囲まれた一帯にあった。艦隊泊地は、リンガ島の南北約五〇海里、東西約三〇海里に位置していた（水深二〇〜三〇メートル）。泊地内では、広い海面を使用して射撃教練などの訓練が可能で、燃料は近くのパレンバン油田地帯から入手でき、防諜の面でも適地であった。

しかし、赤道直下にまたがっていて、訓練・作業にいそしむ乗組員は酷暑に苦しめられることになる。無風のなか、ヤシの木ばかりが見え、何もかもが燃え立つようであった。楽しみは、時々襲ってくるスコール、昼食後の二時間の昼寝、シンガポールから運ばれてくる映画に興ずることであった。夜間は完全な灯火管制が敷かれ、夜襲訓練が実施された。

三日、「大鳳」艦上で兵術研究会が開催され、豊田副武《そえむ》海軍大将が聯合艦隊司令長官に新補され、聯合艦隊の指揮を執ることになる。

四日、「大和」は、単独訓練を実施し、十三時十五分に帰泊。十七時、第一戦隊旗艦が「長門」から「大和」に変更される。宇垣参謀長は、両舷副砲塔を撤去し、高角砲と機銃を増備した新鋭主力艦に移乗し、「敵機恐れるに足らず」ともらしたという。

昼夜戦の訓練研究会が開催され、「改正夜戦部隊戦策」が検討された。宇垣参謀長は『戦藻録』に、「敵主力の速力増大につれ、水雷戦隊を進出させることも可能だが、機動部隊の総駆逐艦二六隻に過ぎないので分散したくない。特徴とする夜戦も敵の電探（レーダー）および夜間飛行機の使用によってなすすべなく、今また駆逐艦数の寡《すくな》き、敵速力の増大はほとんど勝算なきに非《あら》ずや」、「然《しか》らば何によって勝とうとするのか、ほかに特徴を求むべし」と、悲観的な見通しを記している。

五日十四時、「大和」、「長門」、「扶桑」による三艦編隊の陣形運動、昼夜間射撃、防雷航行、飛行機発艦・揚収訓練などを実施し、未熟な点が数多く露呈した。翌日未明、リンガ泊地に帰投。

七日十時、「大和」は出港し、第一戦隊の対空射撃、陣形運動、飛行機回避運動、機関応急、飛機発収訓練を実施。なお、「大和」の飛行機格納庫は、「零式観測機」、「瑞雲」、「彗星」を六機格納可能だったが、零式水偵は格納できなかった。

八日八時三十分、「大和」は、単艦出動して対空射撃を実施。宇垣参謀長は対空戦闘に関して、「砲数機数多くとも実際の腕なければ猫に小判」と、『戦藻録』に記した。

十二時三十分、「大和」、錨地に警泊。

十一日三時、第一戦隊「大和」、「長門」は、リンガ泊地から、第二水雷戦隊「能代」、駆逐艦「春雨」、「白露」、「時雨」ほか一一隻、第四戦隊「愛宕」、「高雄」、「摩耶」、「鳥海」、第七戦隊「熊野」、「鈴谷」、「利根」、「筑摩」、第三戦隊「金剛」、「榛名」と共に、警戒航行序列制形（速力二〇ノット）で出撃。宇垣司令官は、「あ」号作戦に関する聯合艦隊命令書類に目を通す。

同日八時、「武蔵」は、第二航空戦隊「隼鷹」、「飛鷹」、「龍鳳」、第六五二航空隊、第三航空戦隊「千代田」、「千歳」、「瑞鳳」、第六五三航空隊、第四駆逐隊、ほか駆逐艦四隻と共に、タウイタウイ泊地に向けて出港。

十二日、「大和」以下の艦隊は、グルートナッツ島北方において、艦隊展開訓練、昼戦編隊射撃訓練、測的訓練、夜戦訓練を実施。宇垣司令官は『戦藻録』に、「恐らくこれが艦隊としての最後訓練となるべし」と記している。

「武蔵」は、沖縄中城湾に投錨し、「野分」、「時雨」に給油。十八時四十五分、中城湾を一路タウイタウイに向けて出港。

十四日十六時五十分、「大和」以下の艦隊は、タウイタウイに投錨。タウイタウイ基地は、ボルネオ島に近いサンゴ礁に囲まれた広い水域で、機動部隊の訓練には好適であったが、米潜水艦に監視されているために外洋での空母の発着訓練は困難を極めた。

米軍は、ニューギニアで鹵獲《ろかく》した日本海軍の関係書類から、新編された空母艦隊の進出位置を把握し、米潜水艦が大挙してセレベス海域とフィリピン諸島周辺に押し寄せた。

十六日十九時二十八分、第一戦隊「武蔵」、第二航戦（「隼鷹」、「飛鷹」、「龍鳳」）、第三航戦（「千歳」、「千代田」、「瑞鳳」）が、タウイタウイに無事に入港し（総航程一八八九七海里、総航行時間九六時間四三分）、サムヒルの一五九度六・六海里に投錨した。

十七日、「長門」は、呉特需託送の二五ミリ単装機銃八基を搭載。

中央に空母「大鳳」、「瑞鶴」、「翔鶴」、北側に「隼鷹」、「飛鷹」、「龍驤」、南側に

「千代田」、「千歳」、「瑞鳳」、その外側に巡洋艦「最上」、「矢矧」、駆逐艦一五隻。「大鳳」の横に、栗田中将座乗の巡洋艦「愛宕」、「高雄」、「摩耶」、「鳥海」が並び、その西方に戦艦「大和」、「武蔵」、「長門」、その隣に「金剛」、さらに外側に、巡洋艦「妙高」、「羽黒」、「熊野」、「鈴谷」、「利根」、「筑摩」が占位。そのほか、駆逐艦一二隻、北方に戦艦「扶桑」が停泊していた。

十八日十四時、「大和」において、主砲砲戦関係者（航空、通信を含む）の戦務演習を実施。

十九日九時三十分、司令長官・小澤治三郎中将が決戦を前にして、「損害を顧みず、大局上必要な場合は一部を犠牲に供す、通信連絡思わしくない場合は指揮官の独断専行を要す」と訓辞を垂れた。

小澤中将は、第一機動艦隊司令長官兼第三艦隊司令長官、栗田健男中将は第二艦隊司令長官で、小澤中将がこれを指揮する。第二艦隊第一戦隊司令官・宇垣纏中将は『戦藻録』に、「通信の不確実は作戦を不能ならしむ」、「対空射撃机上演習を実施して敵機恐れるに足らず」と、今後の戦闘の戒めを書き留めた（「武蔵」、礁内出動訓練。高角砲、機銃射撃。航程一六・二海里）。

二十日、「あ」号作戦開始を令す。「大和」は、機動艦隊前衛に編入される。

二十二日、宇垣司令官は、「我配備地点方面にも相当数の敵潜水艦の来襲が予想され、行動秘匿不能となり、『A』号作戦成り立たず。敵は我が企画の裏をかく算多し」と、前途の不安を『戦藻録』に記したが、この宇垣参謀長の不安は的中することになる。

二十三日十五時三十分、「空母を中心とする輪形陣、一回の訓練もなく実戦に臨むことになった」

二十四日、午前中に「大和」、午後に「武蔵」の停泊応急訓練を実施。

二十五日、邀撃部隊は、「輪形陣で交戦中に各艦の損傷があった場合の処理策」を考案。

二十七日（海軍記念日）九時三十分、「大和」艦上で、機動艦隊の相撲競技が行なわれる。

第五章「あ」号作戦と第一機動艦隊

ビアク島に対する逆上陸・渾作戦

昭和十九年（一九四四）五月二十九日九時三十分、「大鳳」艦上で、「タウイタウイ泊地の対空警戒の要、艦隊出撃時補給、ビアク島の重要性、Z作戦計画に代えて、軍令部が案画した『あ』号作戦の「実現影薄し」など、対潜水艦方策の図演研究会が開催された。

三十日十一時、「大和」は、第五戦隊および「扶桑」らの出撃艦隊に対して、登舷《とうげん》礼《れい》をもって成功を祈った。午前と午後、第一戦隊の夜間砲戦を課題とする夜戦兵棋《へいぎ》演習を実施。

六月二日九時、「大和」と「武蔵」がタウイタウイ礁内で、駆逐艦を目標として三万五〇〇〇メートルの偏弾斉射（主砲一門各二発）、主砲・副砲の対空射撃、高角砲弾幕射撃などを実施。十三時二十分、「大和」は帰泊し、「玄洋丸」を横付けして急速補給を実施。渾《こん》作戦の上陸地点は、第一ワルド、第二コリムと決定。

「挺身《ていしん》偵察、通信諜報《ちょうほう》、ビアク戦戦況などにより、敵機動部隊の大部が西カロリン方面（パラオ諸島、ヤップ、ウルシーなど）に来攻すべく、三、四、五、六日、西カロリン方面において第一次決戦生起の算あり。『A』号作戦用意の場合、渾作戦部隊の警戒隊、護衛隊は特令または敵機動部隊に発見された場合は、パラオ方面に敵を誘致する如《ごと》く行動せよ。機動部隊は（第三航路を適当とする）速やかに比島東方に進出せよ」という指示に従って、決戦準備に力が入った。

三日、午前と午後を通じて、昨日の射撃訓練における、射程三五キロ、主砲一斉打ち方の散布界（二弾以上の斉射弾の弾着が散布するエリアの幅をいう）が問題となった。「大和」の散布界は約八〇〇メートル、「武蔵」は約一〇〇〇メートル（一弾あて近弾を除けば六〇〇メートル）で、宇垣参謀長は、「将に戦闘に赴く時、この状況は寒心に堪えない。何とか解決しようとするがいまだ良薬に達せず」と、危機感を募らせた。

主砲九門から発射された砲弾は、前後左右何百メートルかの幅に散らばって落下する。

この散布界の中に敵艦が位置していれば、いずれかの砲弾が命中するはずであり、この弾着の幅をできるだけ狭くすることが猛訓練の目的であった。

四日夜、Y字型飛行機格納庫（約七〇〇名を収容可能）で映画が上映される。

六日、「大和」は午前、「武蔵」は午後、応急演練を実施。今後に課題が残る結果となる。

「大和」の防御システムは、司令塔内にある第一防御指揮所で防御指揮官（副長）が艦全体の指揮を執る。また、防御区画内の前橋下方の適当なる位置に第二防御指揮所が設けられ、内務長が任務に就く。危険を分散するために、前部応急班指揮に適していて、かつ第二防御指揮所と同時に被害を受けない場所に第一応急部指揮所、後部応急指揮に適する場所に第二応急部指揮所が設けられた。

さらに、最上甲板前部に第一応急班指揮所兼第一、第二、第三応急班哨所、そして、上（中）甲板中央前部、上（中）甲板中央後部、中（下）甲板後方前部、中（下）甲板後方後部ごとに、同様の指揮所兼応急班哨所が計一六カ所設けられて、鉄壁の守りを固めていた。

十日、第一戦隊司令官指揮のもと、ビアク島方面の敵増援兵力、敵機動部隊、ビアク島、アウイ島の敵上陸部隊の砲撃撃滅（第三次渾作戦）に向かうことになる。第五戦隊、第二水雷戦隊、第十六戦隊の将旗と司令旗が、華やかに翻っていた。

聯合艦隊司令部内には、燃料補給用のタンカーが不足していたこともあって「あ」号作戦をパラオ方面で行ないたいという考えがあり、渾作戦によって敵機動部隊を誘致できるとの見方が有力だった。「ビアク島敵攻略部隊を痛撃、もって敵機動部隊を誘致し、『あ』号作戦の戦機を作為するにあり」十四時、「大和」艦上に各級指揮官、幕僚が集合して、出撃回航の打ち合わせを実施。

十五時、第一戦隊・宇垣司令官は、第三艦隊旗艦「大鳳」と第二艦隊旗艦「愛宕」を訪れて、小澤治三郎中将、栗田健男中将と別れのあいさつをした。

十六時、在泊艦船からの海軍式別れの送礼「帽振れ」に、「大和」甲板上から「帽振れ」の答礼で応えながら、第三次渾部隊は、第二水雷戦隊「能代」（十戦隊の駆逐艦「沖波」、「山雲」を編入）、「岸波」、「島風」、「磯風」、「谷風」、「早霜」、第一戦隊「大和」、「武蔵」（「長門」欠）の順に出撃。米潜水艦「ハーダー」（SS-257）は、日本艦隊の出撃を豪州にある第七十一潜水隊司令部に報告。

十八時前、「大和」が左正横に潜望鏡を発見し、直掩《ちょくえん》駆逐艦「沖波」が爆雷攻撃を加えた。海上は、雲があるものの月が出ていて明るかった。

十一日四時三十分、「大和」は、北に向かってセレベス海を横断する針路に入った。

十六時三十分、シブツ諸島とシアウ島の間を通過。

この日の朝、パラオ方面に設定した決戦海面に誘致が期待された米機動部隊が、マリアナ東方に突如出現して、サイパン、テニアン、グアムを空襲。

二十時、渾部隊は、針路を一七五度にとって南下。この時、「大和」と「武蔵」は、潜水艦の誤認に伴う「赤赤」の号令で緊急左四五度一斉回頭し、六〇度の梯陣《ていじん》において、両艦が操舵のタイミングの差によって接近したが、「大和」が「両舷停止、後進いっぱい、急げ」をとったため、接触には至らなかった。総艦が、同時に同方向に針路に変じることを一斉回頭という。

十二日八時、渾部隊は、ハルマヘラ島南西のバチャン島のサムバキ湾（南緯度二五分、東経一二七度二〇分）に投錨。総航程七六〇・七海里、総航行時間三九六時間。「永洋丸」が、急速補給で「武蔵」に横付けする際に接触して、「武蔵」の二、四番機銃が損傷。泊地警戒法が発令され、対空対潜警戒が実施された。

十三日、「あ」号作戦用意の特令なければ渾作戦を続行すべし、との命令が伝えられた。軍艦旗降下直後、緊急電が入って「あ」号作戦決戦用意が下令された。

約一五分後、「渾作戦を中止す、機動部隊よりの増援兵力は原隊に復帰すべし」との命が伝えられ、二十二時、星明かりを頼りに、第一戦隊、第五戦隊、第二水雷戦隊、第四、第十駆逐隊は出港し、第一機動艦隊に合同すべく北上して決戦海面に向かった（渾作戦は、第十六戦隊と第二十三航空戦隊の残存兵力だけで続行され、のちに中止）。

陸軍側から大きな期待がかけられていた「大和」、「武蔵」による第三次渾作戦（砲撃）は、中止のやむなきに至った。ビアク輸送と米機動部隊の西カロリン方面への誘引を目的に開始された渾作戦は、完全な失敗に終わり、駆逐艦二隻と「あ」号作戦のために準備した基地航空兵力を喪失し、温存してきた第二攻撃集団の戦闘力の大半を失った。このことが、マリアナ沖海戦に支障を来すことになる。

皇国の興廃、この一戦にあり

六月十五日、米軍はサイパン島に上陸。「あ」号作戦決戦が発動され、「皇国の興廃、この一戦にあり、各員いっそう努力せよ」が、全艦隊に伝えられた。

米潜水艦「シーホース」（SS－304）は、ミンドロ島東方海上に日本艦隊を視認し、「日本艦隊の位置、北緯一〇度一一分、東経一二九度三五分、針路北東、速力一六・五ノット、本艦追跡中」と報告。

十六日、「大和」は、搭載機を射出して補給部隊を捜索し、夕刻までに「国洋丸」から約八〇トンのみを補給（搭載機収容のために給油着手が遅れ、かつ蛇管不良）。

十七日四時、「大和」は、一四〇〇トンを給油し（満載）、黎明《れいめい》時には前衛中央後方に占位。十六時、「大和」は、第七警戒航行序列制形をとって、前衛の右翼先頭第十一群に占位。

十八日、第四警戒航行序列の輪形陣は、後前衛の命によって、半径三キロを二キロに短縮。

十九日八時十分、「大鳳」が、右舷前部に被雷（北緯一二度二四分、東経一三七度二〇分）、前部ガソリンタンクのガソリンが漏れて艦内にガスが充満、十四時三十二分、突然大爆発が起こって重装甲の飛行甲板が膨れ上がって大火災、十六時二十八分、沈没（北緯一二度〇五分、東経一三八度一二分）。

十一時二十分、「翔鶴」は、魚雷四本を被雷し、十四時一分、沈没（北緯一二度〇〇分、東経一三七度四六分）。「大鳳」と「翔鶴」を雷撃したのは、米潜水艦「カバラ」（SS-224）と「アルバコア」（SS-218）であった。

二十日、「大和」と「武蔵」が、実戦で初めて四六センチ主砲を敵機に対して発砲したのが、「あ」号作戦のマリアナ沖海戦であった。

撃ち出された弾丸は、秘匿名で三式通常弾（信管は四式時限信管三型）と呼ばれている対空弾・九四式三式焼霰《しょうさん》弾（全長一・六メートル）で、燃焼時間は八秒間、炸裂《さくれつ》時に黄燐の白煙とともに焼夷《しょうい》弾子九六六個を放出する。

十七時三十分、二〇数機の編隊が来襲。十七時三十五分、「武蔵」、対空三式弾を発砲。敵は、少数編隊に分離して三航戦に爆撃を開始。十七時三十八分、「千代田」は、爆弾多数が至近弾となり、ついに後部飛行甲板に爆弾が命中して黒煙が上がった。

「大和」の電波探信儀が九〇キロの距離に敵機を探知し、近感と判定して対空戦の配置に就く。主砲九門を三斉射して敵来襲機を狙ったが、戦果は不明。

この二日間の米軍側記録は、空母七隻、軽空母八隻から出撃九二七機、投下した爆弾・魚雷など二一七トン、交戦機数七六七機、撃墜三九一機、地上撃破一五機、米軍の損失は、対空砲火による被撃墜一二機、空中戦での被撃墜二九機、作戦中の損失八八機であった。

二十一日五時五十分、「武蔵」が、敵触接機二機に対して発砲。海上は波浪があって、洋上補給は困難を極めた。宇垣司令官は、駆逐艦の在庫燃料が三〇パーセント以下、戦艦が五〇パーセント、巡洋艦が二〇〜四〇パーセントとなったため、沖縄中城湾において急速補給のうえ、フィリピン中部ギマラスに進出することを決心した。

「あ」号作戦中止、沖縄へ

六月二十二日十三時、「大和」以下は、沖縄の中城湾に入港。総航程三六一一海里、総航行時間二〇七時間五五分。

二十三日、フィリピン・ギマラス行の予定が変更され、瀬戸内海西部に回航することになる。

十時十五分、第二水雷戦隊、第五戦隊、第三戦隊、「大和」を含む一戦隊の順に、中城湾を出港し、内地に向けて北上を開始。北東の風が強く、昔から「玄界灘の荒海」で有名な海域で、五分隊の新兵が海中に転落して殉職した。転落者救助用の浮標は艦橋両舷に、海面に投下すると火煙を出す救難浮標は後部両舷に備えてあった。

二十時三十分ごろ、「大和」が、桂島錨地に投錨。昭和十七年（一九四二）八月以来の柱島泊地への投錨であった。総航程六二〇三海里、総航行時間三三時間五四分。

宇垣司令官は『戦藻録』に、

「功無くして内地を踏まんとす。余り愉快にも非《あら》ざるなり」と記した。謎の爆沈で沈んだ「陸奥」の位置に赤浮標が浮いていた。なお、「武蔵」は、二十時二十三分に投錨。

二十五日夜、「大和」後部甲板で映画会を開催。「姿三四郎」、「母子草」などが上映されて、将兵にとって久しぶりの慰安となった。

二十九日七時、「大和」は、「武蔵」を率いて呉軍港に回航。十時、「大和」は、二五番ブイに係留。昭和十九年七月のマリアナ沖海戦後の日本の保有海軍兵力の対米比率は二八・三パーセントとなった。

「あ」号作戦の被害復旧作業と同時に、量産型二号二型改二の換装工事を実施することになる。海軍技術研究所では、仮称二号電波探信儀二型の安定化と水上射撃用化に取り組んでいて、オートダイン化とドイツの「レーポック」装置（擬似反射波発生器）を一部模倣して国産化した自己監査装置（通称レーボックス）を付加することで、受信機の安定性を向上させることに成功していた。

七月一日、大和神社の例祭。

リンガ泊地での猛訓練

七月四日、聯合艦隊司令部は、今後の方針にゲリラ戦を想定していた。聯合艦隊参謀長は、「敵が小笠原諸島方面の攻略を企図する場合は、遊撃部隊を出撃させることがあり得るので、準備する必要がある」と考えていた。遊撃部隊とは、戦争前半には、前進部隊の名称で戦略単位として独自の作戦を実施したが、戦争後半には、航空戦の戦果に策応して水上決戦任務を付与されていた。

「東」号作戦（本州東方の迎撃作戦で、聯合艦隊以外の兵力が、一時的に聯合艦隊長官の指揮下に入る）が発動され、内地部隊は、来攻する敵に備えるために燃料を満載する。

五日、「大和」は、再び陸軍物件の搭載を開始（七日まで）。歩兵第一〇六連隊（「狼一八七〇二部隊」）陸軍大佐・十時和彦連隊長があいさつのために来艦。途中、フィリピン・マニラに寄港して食料、軍需物資などを揚陸する任務を付与されていたので、フィリピン向けの物資も急ぎ搭載した。

八日八時四十五分、甲部隊第一戦隊「大和」、「武蔵」は、四戦隊「愛宕」、「高雄」、「摩耶」、「鳥海」、七戦隊「熊野」、「鈴谷」、「利根」、「筑摩」、第二水雷戦隊「能代」、直衛駆逐艦「時雨」、「五月雨」、「島風」、「秋霜」、「浜波」、「長波」、「岸波」、「沖波」を率いて、呉を出港。

「大和」は、積み荷の影響でトリム不良を起こしていて、回頭に多少の時間を要した。小水無瀬島側で潜水艦三隻による対潜訓練を実施したが、水中聴音は不良であった。

十八時、大分・臼杵《うすき》湾に入泊。

九日四時、甲部隊は臼杵湾を出港し、針路一八〇度、二〇ノットで沖縄・中城湾へ向かった。

十日、沖縄・中城湾に入泊。駆逐艦四隻に燃料補給。十九時、甲部隊は出港し、針路二〇〇度、一八ノットで南下、昭南（シンガポール）およびリンガに向かう。乙部隊の「長門」、「金剛」、「最上」、十戦隊「矢《や》矧《はぎ》」、「浜風」、「朝雲」、「霜月」、「若月」は、マニラに進出して搭載物件を陸揚げ後、リンガ泊地回航の予定だった。

十一日八時三十分、「大和」は悪天候のなか、電探測的教練、艦位整合などを実施。

十三日、「大和」は、比島西方を航過、スコールが断続的に発生し、「手空き総員スコール浴び方」の号令がかかる。十五時～十七時、電探測距訓練（電探精度最大三〇キロ、夜間の敵兵力、隊形針路、速力を探知）、射撃訓練を実施。

十五日、「大和」は、零式観測機を射出して対潜警戒を実施。

十六日十六時十分、「大和」以下の甲部隊は、リンガの第一警戒泊地に入泊。

十七日、「大和」は「第十六真盛丸」に、「武蔵」は「瑞祥丸」に、各自が搭載する大発一〇隻を使用して、陸軍物件の揚塔を実施。

十九日十七時三十分、「大和」は、リンガ沖合二二海里の水深の深い海面で転錨教練隊形を実施したが、成績は不良。二十一時、照明弾乙射撃、電探射撃訓練を実施し、艦尾が敵に向いているときに思うような結果が出ないことが判明した。敵の近接に対して、煙幕をもって「大和」、「武蔵」を覆うことが試みられたがうまくいかず、演練の必要ありと判定された。

二十日九時〜十三時三十分、「大和」以下、各艦が対潜水艦教練で、浮上し近接する伊号第三七潜水艦に対して水測、見張り訓練を実施。

二十五日九時三十分、出動訓練において、「大和」の副砲の照明弾が照射が確実でなく、一六キロの射撃には不十分であることが判明。

二十七日〇時三十分、「大和」は、停泊艦攻撃訓練、対空砲戦訓練を実施。

二十八日十六時、遊撃部隊は、二群の輪形陣を形成し、吊光《ちょうこう》投弾、照明弾を用いて対空射撃訓練を実施したが、結果は芳しからず。二十一時、夜戦訓練を実施したが、戦艦と巡洋艦の共同砲戦の研究項目がなかなかはかどらなかった。

八月一日十三時、「大和」は出港し、夕刻に距離約二万七〇〇〇メートルの主砲射撃を実施。二十一時には、照明弾および探照灯を使用して第四戦隊との共同砲戦を実施。

二日、前日の訓練を受けて研究会を開催。宇垣司令官は、「主砲の散布界は交互射撃において著しく縮小、一斉射撃において七〇〇メートル余、『武蔵』は前回より改善を見ず。依然たる問題なり」と、『戦藻録』に不安を記している。

四日七時三十分、「大和」は出港し、電測利用の外膅《がいとう》砲射撃（短八センチと小銃口径）、方向測定、自差測定ののち、応急舵の実験を実施。

八日九時三十分以降、「大和」は、「良栄丸」、「興川丸」との逆曳補給《ぎゃくえい》の訓練。その後、「武蔵」が電探標的に対して副砲射撃を実施する際には、側方観測の役目を担う。

十二日、「大和」は、外舷の手入れ（錆《さび》落とし、ペンキ塗りなど）を実施。

運用術には、「海軍の艦艇が外国に在る時は帝国を代表する。故に常に厳然たる威容を保ち闘わずして既《すで》に敵を屈する気概がなくてはならない。このためには緊張すべき索類または手摺《てすり》などは正しく張り索端は垂れることがないよう現に使用していない用具は決められた位置に整頓し万端不体裁にならないよう留意することが必要である」とある。

十四日八時四十五分、「大和」は出港し、対潜訓練、電探射撃などを実施。二十時三十分、各艦は、内海北寄りの沖合九キロに投錨。

十五日十六時三十分、「大和」は出港し、空母なき密集輪形陣の対空教練を実施。十九時三十分、甲乙部隊に分かれて、船団在泊の攻防戦の夜戦訓練、電探射撃を実施。

艦隊行動では、陣形の変換に関する運動（陣形運動、随伴運動、之字《のじ》運動）の統制が必要である。陣形とは、艦船を所定方位、距離、および間隔に配列し制形した隊の形をいう。

十六日、「大和」は、対潜訓練および電探利用外糖砲射撃を実施。

十九日、「大和」は単独出動し、外膅砲射撃中の応急訓練、対空戦闘、応急運転を実施。

二十日、「大和」艦上において、電探射撃の研究会を開催。宇垣司令官は『戦藻録』に、「盲従射撃（電探による直接射撃）は到底ものにならず、小数弾搭載の大和型戦艦においてはこれが実施考え物なり」と記している。

九四式四〇センチ砲の弾薬供給標準によれば、搭載数は、主砲一門につき徹甲弾（と零式通常弾）一〇〇発、対空弾二〇発で、徹甲弾は一式徹甲弾、対空弾は三式焼霰弾（秘匿名：三式通常弾）である。焼霰弾は、飛行中の航空機や陸上の目標を広範囲に捕捉して、焼夷効果をあげることを目的とした。海軍砲術学校の黛治夫中佐の発案で、呉工廠砲熕《ほうこう》部（設計主務者・野村三次技術大佐）により試製され、砲熕実験部（実験主務者・鈴木長蔵少将）によって試射され、昭和十六年（一九四一）中ごろに完成した。

二十一日、艦隊（第一戦隊）が、飛行機六機に対する対空教練を実施。

二十二日、「榛名」、昭南に到着。搭載物件のなかに電気兵器があり、遊撃部隊は二組に分かれて、九月二日までにその換装工事を実施することになる。「大和」、工作科四〇名を手助けに派遣。

技研技術陣は、リンガ泊地とシンガポール・セレター軍港に作業班を急派し、桂井誠之助技術少佐の担当するグループ（高木行大技手、霜田光一東大大学院生）が開発した鉱石検波方式スーパーへテロダイン受信機を、仮称二号電波探信儀二型改四の混合管60に換えて、ニッケルと黄銅鋼使用に換装し、遊撃部隊は、完備状態で捷《しょう》一号作戦に臨むことになる。

「大和」と「武蔵」は、九月二日までにリンガで工事を実施。そのほか、哨信儀を装備。

二十四日九時、第一戦隊は出動して、戦闘訓練（照明弾使用の夜間射撃）を実施。

二十七日、「大和」は、砲戦教練、外糖砲射撃を実施。

九月一日九時三十分、「大和」は、「武蔵」を率いて出港し、「大和」と「武蔵」の曳航、被曳航訓練を実施。夕刻には、外糖砲による戦隊砲戦、艦長指揮の夜戦、高角砲、機銃による魚雷艇攻撃などを実施。

二日、宇垣司令官は、級友だった安部勝雄中将（欧州滞在三年三カ月）から、「本戦争の遠因は三国同盟にある。同盟締結は米国をして、ドイツと同様に日本を敵視させせた」という手紙を受け取る。三日、大和神社例祭後、奉納武技、体技の試合を実施。

四日、捷号作戦の研究艦隊図演、兵棋演習を実施。

捷号作戦は、日米戦争を決着させるための乾坤一擲《けんこんいってき》の計画であり、その目的は、能動的に決戦を挑んで戦争を終結に導くことにあった。

五日、「大和」は、曳航、被曳航訓練の研究会を実施。一二時ごろ、「大和」は、空襲警報を発令。電波探信儀に大型機らしい感度があったが、味方水上機と判明。

六日午前、「愛宕」艦上において図演研究会を開催。夕刻、第一遊撃部隊全部隊が、夜戦泊地突入訓練を実施。

七日十時、第一戦隊は出動し、「長門」による「大和」曳航を実施。その後、「大和」は対空射撃、対陸上夜間砲撃訓練を、二水戦は襲撃教練を実施。

第六章　捷一号作戦

ブルネイ湾出撃

九月十日、聯合艦隊は、「捷《しょう》一号作戦・警戒」を発令し、第一遊撃部隊は、「本遊撃部隊二〇ノット四時間待機」で出撃準備を完了した。

海上機動反撃兵団の構想を含む捷一号作戦の原案は、軍令部が作成した。栗田健男中将麾《き》下《か》の第二艦隊（第一遊撃部隊）のレイテ湾突入案は、軍令部と聯合艦隊との間で十分に意見交換がなされたうえで、聯合艦隊先任参謀・神重徳大佐が中心になって練り上げたものであった。

一戦隊司令部の構成は、司令官・宇垣纒中将、作戦・砲術・防空・野田六郎大佐、機関・工作・防御・整備・補給・矢口良雄中佐、防空・伊藤敦夫少佐（戦隊飛行長）、通信・航海・運用・末松虎夫少佐、暗号・神崎浩太郎中尉、兵科下士官九人、兵一五人、主計四人、傭人《ようじん》三人である。

一戦隊麾下総員は、士官一三〇人、特准一九三人、下士官一九六二人、兵四一七三人、そのほか二二人、総計六四八〇人であった。

九月十一日七時、聯合艦隊は、前日のサマール島への敵上陸舟艇接近は漁船の誤りと判明したために、「捷一号作戦・警戒」を解除。

十三日、「大和」は、出動訓練を中止し、各部隊は、整備、講習および図演などを実施。

十四日、聯合艦隊は、「米軍の進攻地点は、時期などを勘案して比島に直接来攻する可能性あり」と判断。

十七日、遊撃部隊内で相撲競技を実施。

十八日午後、遊撃部隊各司令官は、捷一号作戦計画の打ち合わせを実施。

二十三日九時三十分、「大和」は出港し、各種教練を実施。教練時に浮流機雷四個を発見して処分した（一個爆発、そのほかは沈下）。

二十六日十六時十五分、「大和」は出動し、対潜訓練、警戒航行・接敵序列の変換、

輪形陣の回避運動を実施。日没後、第十戦隊と共に夜戦訓練を実施。

二十七日、砲術研究会が開催され、その席上で、「弱装薬射撃ながら、『大和』、『武蔵』両艦の散布界著しく縮小」と判定される。

幻の誇大戦果のつけ

十月一日六時十分、第一部隊はリンガ泊地を出動、陣形の変換、対空・対潜訓練を実施し、十二時四十分、ガランの第三錨《びょう》地に到着。ガランは、シンガポールから南へ六〇キロ、リンガ泊地から北へ約九〇キロの、リオ海峡西側とズリアン海峡東側との中間に位置する泊地。艦隊司令部は、連日の猛訓練の息抜きに、「大和」、「武蔵」の乗組員を三組に分けてシンガポールでの休養を計画したのである。

「大和」、「武蔵」の乗組員にとっては初めての海外上陸（半舷上陸）で、艦内に歓声が沸き起こる。上陸当日、乗組員は、前甲板に整列し、諸注意を聞き、外出札、医療品や持ち出し上限三〇円の点検を受ける。そして、横付けした「長門」に移乗してセレタ軍港に上陸した。

「長門」は、十月一日十四時二十分にガラン発、二十時十五分に昭南島（シンガポール）着。三日十二時に昭南島発、十八時にガラン着であった。

四日、「大和」は、対空教練（対戦闘機）を実施。「長門」は、十二時にガランを発して、十八時に昭南島着。

五日、第一遊撃部隊は、泊地襲撃教練を実施。

六日、「長門」は、十二時に昭南島を発し、十八時二十分にガラン着。「大和」、「武蔵」全乗組員のシンガポールでの休養が終わった。

七日十時、「大和」と「武蔵」は、錨地を巡洋艦「鈴谷」、「筑摩」（七戦隊を含む）の外方に変更。

八日十四時三十分、「大和」は、訓練のためにガランを単独出動。夜間に、「武蔵」を目標艦とする訓練を実施し、翌九日十時二十六分にガラン着。十日十六時三十分、「大和」はガランを出港、二十二時五十分に帰泊。

十一日、第一戦隊（「大和」、「武蔵」、「長門」）、緊急戦闘部署教練を実施。

十二日、米機動部隊の台湾空襲が伝えられる（台湾沖航空戦）。十時、聯合艦隊司令部は、「基地航空部隊・捷一号、二号作戦発動」を下令。「大和」は終日、戦隊出動緊急戦闘部署教練を実施し、その後、研究会を開催。

十三日、机上射撃演習。

十四日十時三十分、「大和」は出動し、第一戦隊の射撃訓練を実施。

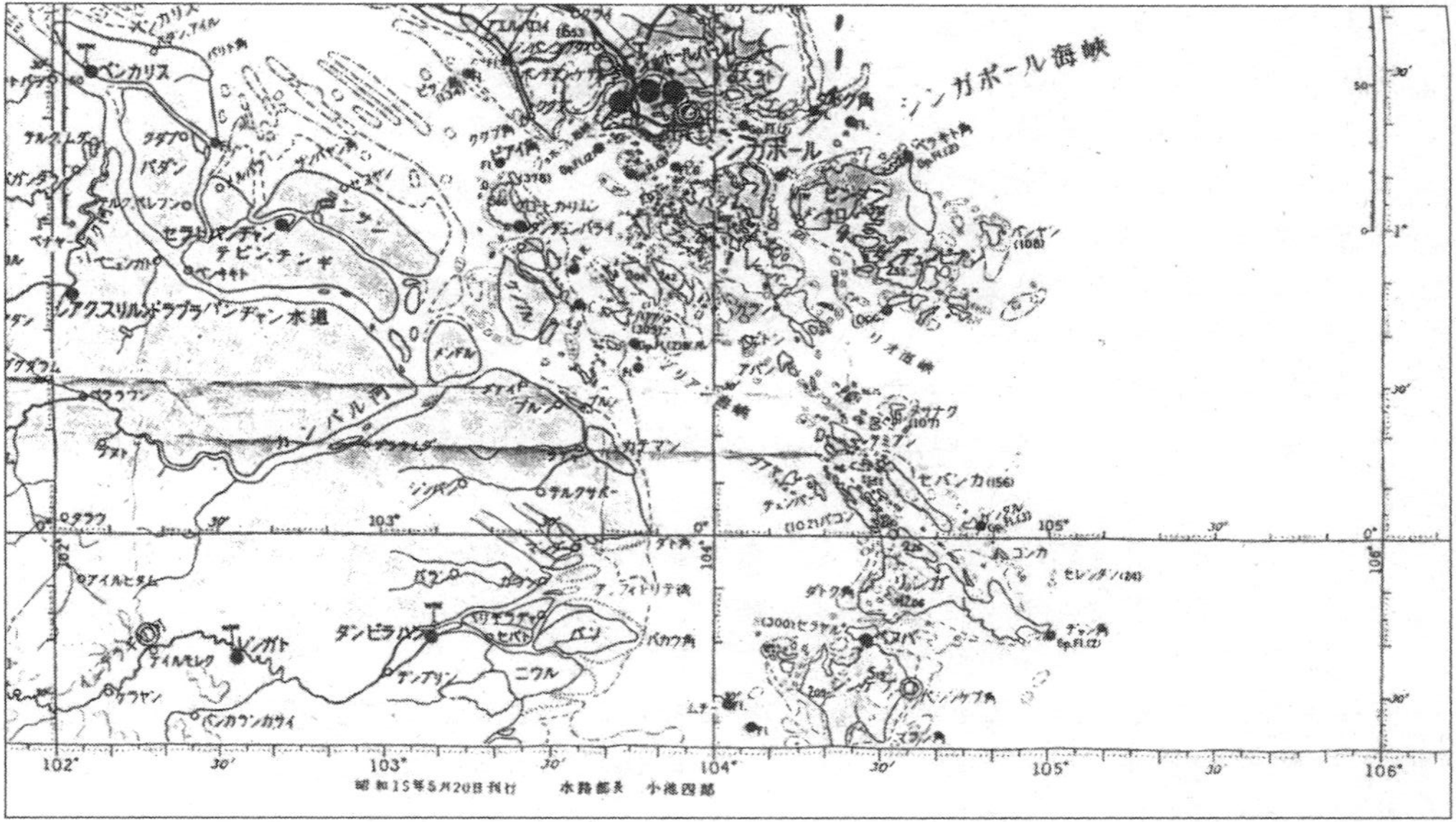

シンガポール、ガラン、ビトン、リンガ周辺図。第一戦隊「大和」、「武蔵」、「長門」は、昭和19年10月1日12時40分から18日にかけてリンガからガランに移動し、対空射撃、泊地襲撃などの教練を実施した

T攻撃部隊の戦果が、「十二日、空母六~八撃沈(うち正規三~四)、十三日、空母三~五撃破(うち正規二~三)、計空母九~一三(うち正規五~七)」と発表された。宇垣司令官は『戦藻録』に、「敵空母は全滅して尚《なお》貸しある計算となる。然《しか》るに本十四日索敵による敵状一三時〇〇分陸軍司偵空母一〇隻、護衛駆逐艦八隻、空母五隻、一七時一五分陸軍司偵、空母二隻の如《ごと》し、士気高揚には大袈裟《おおげさ》も可なる時もあるも、作戦指導の任にある者いたずらに戦果を過大視して有頂天に陥るは大いに警戒を要す」と記した。

捕虜の証言により、「台湾東方行動の空母は正規約九隻、特空母二五隻、戦艦数隻、巡洋艦二〇隻、なお、補給船は別行動」との情報を得る。大本営の台湾沖航空戦の戦果誤判断は、南方総軍司令部(総司令官・寺内壽一元帥)と第十四方面軍司令部(司令官・山下奉文大将)との対立を生み出す。南方総軍は、東京から伝えられた「空母一八隻以上撃沈破」という誤報に小躍りしたが、第十四方面軍は、情報主任参謀・堀栄三少佐から、戦果は誤りで米空母はすべて健在という正しい情報を得ていた。

しかし、大本営の命令通りにレイテ決戦を主張する寺内元帥が、山下大将の反対意見の具申を退けたために、結果として、レイテ島決戦での兵力逐次投入を招くことになる。その原因は、参謀本部第二課作戦課参謀・瀬島龍三少佐が、正しい情報(堀少佐の情報）を握りつぶしたことにあった（参謀次長・秦彦三郎中将も承知のうえであった）。このことが、捷一号作戦を大きく誤らせることになる。

十五日〇時三十五分、第一戦隊はガランに帰泊。「大和」は早朝、横付けした第二水雷戦隊の駆逐艦八隻、七戦隊二隻に燃料を補給。前夜、第二艦隊司令部は、聯合艦隊司令部に戦備状況を報告。

十六日、海軍航空本部第三部第一課は、空母および搭載艦に関する関係報告資料を作成し、「大和」の後部砲塔を撤去して水上爆撃機「瑞雲」二〇機を搭載することを計画したが、航空戦艦「大和」が実現することはなかった。

米軍ウルトラ情報（暗号解読を含む通信諜報《ちょうほう》）は、第一遊撃部隊の出撃に伴うタンカー五隻と「ヒ七八」船団の割り当てに関する通信を傍受、解読し、米軍はこれによって、第一遊撃部隊の出撃は近いと判断した。そして、方位の測定から、第一遊撃部隊（第一戦隊「大和」、「武蔵」、「長門」、第七戦隊など）がシンガポール周辺にいることを把握していた。

聯合艦隊司令部は、ＧＦ機密第一六一五三五番電をもって、第一遊撃部隊補給部隊の予定を内示していた。

「一、『厳島丸』、『御室山丸』、『雄鳳丸』、『万栄丸』を第一遊撃部隊に編入す。二、『すみこう丸』、『ヒ七八』船団加入中の護衛艦は、第一遊撃部隊の指揮を受け行動せしむ（以下略）」

第一遊撃部隊指揮官・栗田健男中将が、出撃に際してまず手配しなければならないのが、回航先（ブルネイ湾）における油槽船の準備であった。そこで、栗田司令官は独断で、シンガポールにあった「雄鳳丸」と「八紘丸」を、速やかにボルネオ北部ブルネイに回航させることにした。

「『雄鳳丸』、『八紘丸』、および第十戦隊の駆逐艦二隻は先任指揮官これを指揮し、燃料満載次第『ブルネイ』に進出待機すべし」

この措置によって、第一遊撃部隊は、出撃予定時刻の三時間前に一万五八〇〇トンの補給を完了することになるのである。

十七日七時、フィリピン中部レイテ湾口スルアン島見張り所が、「戦艦二、特空母二、駆逐艦近接」を報じる。八時には、大本営に「敵上陸開始」の速報が伝えられた。しかし、数日前の台湾沖航空戦の戦果を信じる大本営は、「米空母は一週間前に台湾沖で全滅したはずだ。折からの台風を避けるために、波静かなレイテ湾に入港したのではないか」として、米軍の上陸が本格的な作戦であることに気付かなかった。

八時三十分、聯合艦隊電令作は「捷一号作戦警戒」を発令し、九時二十三分、「第一遊撃部隊急速に出撃、ブルネイ進出」を下令。

米軍ウルトラ情報は、スルアン島の日本軍見張り所が、米軍上陸艇多数の発見と上陸開始、そして「S」作戦の準備発令を報じたことを、傍受し解析した。「S」作戦の意味は不明としながらも、米軍のフィリピンへの攻勢を食い止める作戦と判断した。米軍が解読した「S」作戦は、捷一号作戦を意味する。

十八日、「大和」は、一時に第二部隊に、二時五分に警備隊に「連絡をやむ」と連絡し、第一部隊は「大和」を殿《しんがり》として、ガラン第三錨地を出港した。第一遊撃部隊第一部隊は暗夜のなか、テンポ水道を東進した。日の出一時間前には警戒航行序列に占位し、グルートナッツ群島の西方を通過。

十時三十分、「大和」は、露天甲板を錆《さび》止めや防腐剤の濃茶タールをうすめた液で黒色に塗装。

十七時三十二分、聯合艦隊は、「捷一号作戦発動」を下令。

捷号作戦方面を比島と決定した聯合艦隊は、「敵はタクロバン方面に上陸の公算大」と伝達。第一遊撃部隊は、サンベルナルジノ海峡を通過。X日の予定は二十四日で、敵機動部隊の進出けん制、第二遊撃部隊の逆上陸、基地航空部隊（ＦＢＧ）全力で比島集中が伝えられた。

ブルネイ出撃後の夜間訓練中に、「大和」の方位盤射撃指揮所の補助員・中村上等兵曹が、射撃塔の前方の一〇センチ双眼鏡に止まった鷹《たか》を捕まえた。このことが能村副長から全艦内に、「わが『大和』の前檣に鷹が止まった。昔、神武天皇の弓の先に金の鷹が止まったことになぞられ、今回の戦はわが軍の勝利なり」と報告されると、乗組員の間に歓声が沸き起こった。くしくも、この双眼鏡が、サマール島沖で米護衛空母を発見することになる。

十九日十五時十五分、電測訓練隊形をとる。十五時二十三分、電測訓練開始、十六時五十六分、電測訓練終了。

二十日八時十二分、聯合艦隊電令作第三六三号は、第一遊撃部隊のタクロバン方面突入（X日）を二十五日黎明《れいめい》とし、これを基準として各隊の行動を律する作戦命令を発令。

「聯合艦隊は陸軍と協力、全力をあげて中方面に来攻する敵を殲滅《せんめつ》する。第一遊撃部隊は二十五日（XB）黎明時タクロバン方面に突入、まず所在海上兵力を撃滅、次いで敵攻略部隊を殲滅すべし。機動部隊本隊は第一遊撃部隊の突入に策応、ルソン海峡東方海面に機宜行動し、敵を北上にけん制するとともに好機敵を攻撃撃滅すべし。南西方面艦隊司令長官は比島に集中する全海軍航空部隊を指揮、第一遊撃部隊に策応、敵空母ならびに攻略部隊を併せ撃滅するとともに、陸軍と協同速やかに海上機動反撃作戦を敢行、敵上陸部隊を殲滅すべし。第六基地航空部隊は主力をもって二十四日(日)を期し敵機動部隊に対し総攻撃を決行し得るごとく比島に転進、南西方面艦隊司令長官の作戦指揮下に入るべし(潜水艦関係は略)」

これが、捷一号作戦の全容であった。

二十日十二時、「大和」以下、各隊はブルネイ湾奥錨地に到着し、ブルネイ錨地を第一警戒錨地とする。

「大和」は、右舷に「能代」、「岸波」、「長波」、「朝霜」、「藤波」、「浜風」を、左舷に「沖波」、「時雨」、「秋霜」、「早霜」、「清霜」、「島風」を横付けして、重油二五五六トンを供給。「武蔵」は、「鳥海」、「鈴谷」、「利根」、第十戦隊(「満潮」、「野分」欠)に補給。

「金剛」は「満潮」に、「榛名」は「野分」に、「利根」は「熊野」、「筑摩」に補給。「最上」は「妙高」、「羽黒」に一二四八トンを供給し、翌日、「武蔵」と共に「八紘丸」に横付けして、補給を受けることになる。「摩耶」は、「愛宕」、「高雄」に供給し、翌日、「大和」と共に「雄鳳丸」から補給を受ける。

レイテ島に上陸した米軍は、第十軍団（第一騎兵師団、第二十四師団）と第二十四軍団（第九十六師団、第七師団）の計四個師団一〇万人で、その後、さらに増強されて、計六個師団一八万人に及んだ。迎え撃つ日本側は、フィリピン中南部防衛の第三十五軍（軍司令官・鈴木宗作中将）麾下の第十六師団（師団長・牧野四郎中将）であった。

日本軍は、レイテ島東岸線のタクロバン〜パロ間に歩兵第三十三連隊、小丘陵カトモン山腹一帯に歩兵第九連隊が掩壕《えんごう》を構築。その布陣線から南方のドラグに、歩兵第二十連隊、野砲第二十二連隊が展開していた。一方、レイテ島の海軍部隊は、所定の水平砲の据え付けが完了せず、機雷も未敷設で、「震洋」隊は進出さえしていなかった。奇襲部隊である魚雷艇はすでに壊滅していて、また、第五基地航空部隊も米機動部隊の空襲で壊滅的な被害を被っていて、決戦兵力の中核にはなり得なかった。

二十一日十二時、昭南から油槽船「八紘丸」（搭載量一万三〇〇〇トン）と「雄鳳丸」（搭載量六三〇〇トン）が、予定より早くブルネイ湾に到着。

「大和」は、左舷中部に「雄鳳丸」を横付けして重油三四三五トンを補給し、右舷後部で第三四掃海艇に四五トンを供給。「武蔵」は「八紘丸」から補給を受け、第一遊撃部隊は予定時刻の三時間前にようやく出撃が可能となった。

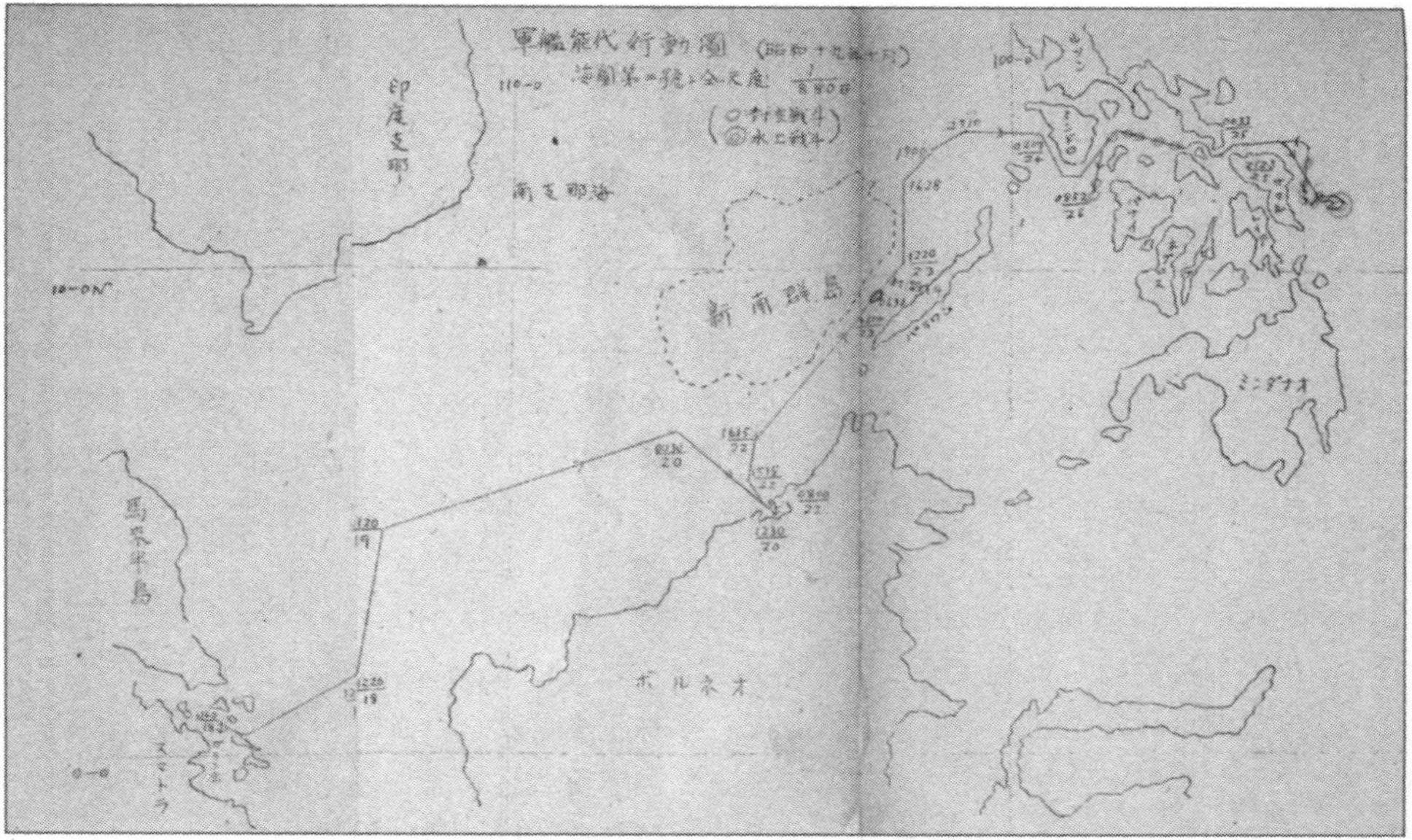

捷一号作戦時の「能代」行動図。第一遊撃部隊は、10月18日ガラン発、20日ブルネイ着、22日にレイテ湾に向け出撃した

十七時、旗艦「愛宕」艦上で作戦の打ち合わせが行なわれ、各級指揮官および関係科長に「レイテ突入」の具体的要領が初めて示された。

夕食後に各艦長が参集し、航空機の雷撃、爆撃にどのように対処するかが話し合われ、砲術界きっての権威者として自他共に認める「武蔵」艦長・猪口敏平大佐が、「対空射撃の精度に障害となる転舵、変針は努めて避け、直進することを原則とする」と述べる一方で、水雷科出身で生粋の水雷屋である「大和」艦長・森下大佐は、「徹底的に回避して敵の矛先を避けたい」と応じた。これに対して、宇垣司令官は、「それぞれ自己の所信に従って最善の措置をとるよう」指示。

戦闘後の戦訓は、「現状の対空戦力では回避運動が絶対に必要で、回避をやめて砲火をもって敵機を食い止める術力域には達していない」というものであった。

第一遊撃部隊（指揮官・栗田健男中将）の主力は、十月二十二日八時にブルネイを出撃、二十四日日没にサンベルナルジノ海峡を突破、サマール島東方海面において夜戦により所在敵水上部隊を捕捉、撃滅後、二十五日黎明にタクロバン方面に突入して、敵船団および上陸軍を覆滅することを目指した。第三部隊（指揮官・西村治司令官、第二戦隊主力）は、ブルネイ出撃後、別行動をとり、二十五日黎明に主力に策応し、スリガオ海峡からタクロバン方面に突入し、敵船団および上陸軍を撃滅することになる。

第二戦隊は、九月下旬に新編され、内海西部を出撃する二週間前の十月四日に第一遊撃部隊への合同を命じられ、レイテ出撃の前日に別動隊として突入する任務を課せられた。西村司令官は、自らが指揮する第三部隊の統一訓練を実施する機会がまったく得られなかった。

第三部隊を主力から分離したのは、栗田中将である。理由は、レイテ湾突入が二十五日とされたので、旧戦艦は速力（二四・五ノット）の関係から短航路を選択しなければならず、聯合艦隊から第三部隊を分離して使用するのも一案との内示をそのまま受け入れたためであった。

第一遊撃部隊第四部隊の第十六戦隊（「青葉」、「鬼怒」、「浦波」）は、南西方面の第二遊撃隊に編入されてマニラに向かう。そして、その途中、米潜水艦に雷撃されて被雷することになる。

レイテ湾への殴り込み作戦

戦艦七隻、巡洋艦一三隻、駆逐艦一九隻、総計三九隻による、突入作戦の幕が切って落とされた。

一方、第一航空艦隊からは、現戦局にかんがみ、第二〇一航空隊は零戦二六機（現有全機、うち体当たり一三機）で神風特別攻撃隊四隊を編制し、敵空母が比島東方海面に出現した場合にはこれをもって必殺を期すとの連絡が入った。

二十二日五時に一万五八〇〇トンの補給が完了し、八時から、主隊（第一部隊一九隻）、第二部隊（一三隻）の順に出撃。十五時三十分、スリガオ西方より泊地に突入。また、敵水上部隊けん制の任務を担う支隊の第三部隊第二戦隊「山城」、「扶桑」、「最上」、駆逐艦四隻（「満潮」、「山雲」、「朝雲」、「時雨」）が、ブルネイ湾を出撃した。支隊は、最大速力二四・七ノットの劣速戦艦が基幹である。

米軍ウルトラ情報は、「聯合艦隊司令長官は日本本土に所在、機動部隊（第一、第二、第五航空戦隊）は、南西諸島とルソン島東方を通過してフィリピン海域に所在するものと思われるが、正確な位置は不明。第一遊撃部隊（第一、第二、第三、第四、第五、第七戦隊で編成）は、シンガポールからコロン湾（注：実際にはボルネオ島北部ブルネイ湾）に向けて全力で進撃、ミンドロ島海域ですでに目撃されている」としていた。

米軍側は、第一遊撃部隊の行き先がボルネオ北部のブルネイ湾であることには気付いていなかったが、すでに出撃したことはつかんでいたのである。

二十三日、「大和」以下、第一部隊は、日の出一時間前に赤黄のR旗「皇国の興廃この一戦にあり、各員いっそう奮励努力せよ」を掲げ、対潜警戒並陣列形の警航序列

フィリピン諸島立体図。第一遊撃部隊は、パラワンを北上、ミンドロ島南端を左にタブラス海峡からシブヤン海を横切って東進し、サンベルナルジノ海峡を突破。サマール島東岸を南下して、レイテ湾突入をめざした

で、針路三五度、速力一八ノットで、狭く危険なパラワン水道を航行していた。

米軍のフィリピン奪回作戦の第一段となるキングⅡ作戦では、南西太平洋潜水艦部隊の一四隻が北ボルネオから北部ルソンに至る戦略的位置に配備されていた。このうちの「ダーター」(SS-227)と「デース」(SS-247)が、この日本艦隊を発見して追跡し、雷撃したのである。

旗艦「愛宕」、「高雄」、「摩耶」が立て続けに被雷し、「愛宕」と「摩耶」は瞬時に沈没。「摩耶」の生存者は「武蔵」に収容され、「高雄」はブルネイに回航された。

「愛宕」で指揮を執っていた司令長官・栗田中将以下、第二艦隊司令部員は、駆逐艦「岸波」に収容された後、重油まみれのまま海上で停止した第一戦隊「大和」に移乗。

栗田司令長官(艦隊または鎮守府の最高指揮官)は、宇垣司令官(戦隊または独立艦隊の最高指揮官)に向かって「うまくやられたよ」と言いながら、「大和」艦橋に上がってきた。

十六時二十三分、栗田司令長官は、将旗・中将旗(指揮権を有する司令長官または司令官がその軍艦に掲揚する)を掲げて、「大和」には二本の将旗(二本以上の将旗を併揚する場合は、序列が上位の将旗を右舷の方に掲揚する)が翻った。「大和」が旗艦となったのである。

宇垣司令官は、第二艦隊司令部の移乗に先立ち、一戦隊司令部幕僚に対してこう述べた。

「戦隊の行動は艦隊司令部の指揮に任せ、司令官としての実施範囲は戦隊内に限ること。幕僚の業務も一戦隊内の事項に限定し、艦隊司令部の業務に口を差し挟んだり、あるいは批判的な言動をしたりしないよう重々注意せよ。援助、協力を求められたときは、骨身を惜しまず補佐、協力することは当然である」

宇垣司令官は、司令部関係施設（司令官室、公室、参謀長室など）を第二艦隊司令部に明け渡し、自らは艦長予備室を森下艦長と共用した。森下艦長は艦長室を使用するよう申し出たが、宇垣司令官はこれを固辞した。

この米潜水艦の一撃は、史上最大の海戦の前触れに過ぎなかった。日本海軍は、これから始まる戦闘が、海上戦闘は数時間で終了するという従来の概念がまったく通用しないことを思い知らされることになる。

連続三日間に及ぶ米航空機群一〇六三機による空襲と、全期間にわたる対潜警戒は、「大和」乗組員を疲労困憊《こんぱい》させた。命中弾四発、至近弾二七発、回避魚雷三六本が「大和」を襲ったのである。

「武蔵」、沈没

十月二十四日未明、晴天で南東の風が吹いていた。旗艦「大和」以下、第一部隊は、「大和」を中心とする輪形陣（Y二五接敵序列）を形成し、後方の第二部隊（B三警戒航行序列）と共に、レイテ湾を目指してミンドロ島南端を通過し、針路三五度でタブラス島北方水路に向かっていた。「武蔵」は、ブルネイ湾で待機中に、艦全体をねずみ色に、甲板を黒く塗装していた。

◇第一次攻撃

二十四日十時三十分、第一遊撃部隊は、ルソンの南方、ミンドロ島の東方にあるタブラス水道で、敵機約二五機の第一次の攻撃を受ける。米空母機との戦闘は、十五時三十分ごろまで続いた。陣形は「大和」を中心とする輪形陣で、「武蔵」は、「大和」の右後方二キロに占位していた。

来襲する敵機の攻撃を回避する際には中心艦に従う規定があるので、ほかの艦は単独で自由に回避することは原則としてできない。無線は封止され、連続空襲下において複雑な回避運動をとるために、艦隊内での指示は、旗信号一三二、信号灯六〇、方向信号灯三〇、哨信儀九で行なわれた。旗旒《きりゅう》信号、手旗信号および発光信号は、航海科が担当する。

「大和」の森下艦長は、前艦橋、海面上約四〇メートルの露天の防空指揮所で指揮を執り、航海長・津田弘明中佐が、第一艦橋で操舵を任された。

上空から見れば、「大和」と「武蔵」はいやでも目立つ。高度一八〇〇メートルを飛行していた米索敵機は、艦幅の広い「大和」型戦艦二隻と編隊を組む「長門」を、重巡洋艦と識別していたという。敵機の攻撃は、その多くが「大和」と「武蔵」に集中する。米空母機は、輪形陣の外側に位置していて最初に損傷した「武蔵」に狙いをつけた。

十時三十分、第一次攻撃。ルソン島南端とサマール島間のサンベルナルジノ海峡北東一〇〇海里でレイテ島上陸作戦を支援中の、第三八二任務群ボーギャン少将麾下の空母「イントレピッド」（CV－11）から八時五十分に飛び立った第一次2A攻撃隊（戦闘機〈ヘルキャットF6F－5〉一一機、爆撃機〈ヘルダイヴァーSB2C－3〉一二機、雷撃機〈アヴェンジャーTBM－1C〉八機）計三一機が栗田艦隊に襲いかかる。空母「バンカー・ヒル」（CV－17）は、休息のために戦列を離れていた。

「武蔵」の艦内拡声器から「右舷前方より敵攻撃機編隊接近中！」。艦長・猪口敏平少将は防空指揮所、副長・加藤憲吉大佐は防御指揮官として第二艦橋司令塔に位置する。

続いて艦内拡声器から「戦闘配置に就け！」。「右九〇度、大編隊約八〇機、高角一五度、四五〇（四万五〇〇〇メートル）向かってくる！」、見張り員の声。

「大和」と「長門」は、対空弾を来襲機に対して発射。空中で銀色に光る焼夷弾子《しょうい》九九六個が炸裂し、約八秒間燃焼した。米パイロットは三式弾の炸裂に恐怖を感じたというが、信管秒時五五秒時のために射撃の機会が少なく、十分な威力を発揮できない。砲戦規約により、主砲は一万メートル以内では発砲しないことになっていた。

次第に近づいてきた米攻撃隊は、左右二隊に分かれる。まず三五〇〇〜三〇〇〇メートルの上空からグラマン・ヘルキャットが横転急降下に移り、機銃掃射後に離脱。「武蔵」が、高角砲と機銃で応戦しながら先頭に立つ。次いで、ヘルダイヴァーが、右舷艦首方向と右舷艦尾方向から同時に急降下爆撃を敢行し爆弾の雨を降らす。

「武蔵」は転舵、回避。対空弾幕は空一面を覆い、海面は波立ち、爆風、爆音、砲煙、至近弾による壮大な水柱、甲板に落下する水柱の勢いで宙に舞う特設機銃員、「武蔵」は阿修羅《あしゅら》のごとく奮戦した。至近弾による水柱落下と四散する断片の被害、被弾、被雷の大音響、船体の動揺、主砲射撃による爆風、雨のように降る機銃弾などに、機銃員は敵機をしばしば見失う。

第一八爆撃中隊ＶＢ‐18八機が、「武蔵」に対して、一〇〇〇ポンド半徹甲爆弾（炸薬量三〇〇ポンド）三発、徹甲爆弾（炸薬量一五〇ポンド）三発、通常爆弾（炸薬量五五〇ポンド）二発を投下し、搭乗員は命中四発を主張。「武蔵」は、中部両舷に各一発を被弾した。

突然、左舷内側の第二機械室上部に徹甲爆弾が直撃、機関は三軸跛《は》行《こう》運転となり、速力二二ノットの維持が精いっぱいとなる。一番主砲砲室天蓋《てんがい》に直撃弾一発、両舷の特設機銃が破壊される。至近弾四発により艦首水線下に漏水。

第一八雷撃中隊VT―18六機が、「武蔵」の右舷側から太陽を背にMk13魚雷改2A（調整深度二・四メートル）を五本投下し二本命中と報告。結果は右舷一三〇番梁《はり》に一本が命中、最下甲板にある防御区内の右第七、第十一缶室隔壁の鋲《びょう》数本が緩んで軽微な漏水があった。右への傾斜五・五度となったが、注排水操作教練で傾斜三度まで復原。もう一本は艦底を通過した。

「大和」型戦艦の防水区画数は一一四七個ある。被雷して浸水したら、反対舷の注排水区画（釣合タンクを含む）に注水して傾斜を復原するのである。注排水区画には、急速区画（容量約五三〇〇トン）と通常区画（容量約三四〇〇トン）がある。指揮所には、船体図と、被害を受けた各個所の浸水量と被害範囲、傾斜度による浮力の減少などが直ちに計算できるトリム計、各種図表が備えられている。そして、被害に応じて最も効率のよい組み合わせでの注排水措置が講じられるのである。

雷撃機TBM-1C二機が撃墜され戦死六名、爆撃機SB2C-3三機が被弾で損傷。

「武蔵」は、右舷一三〇番梁に被雷し、その振動で主砲前部方位盤が故障して統一射撃が不可能になった。これは、「武蔵」にとって致命的である。修復できなければ、対水上艦隊との大遠距離砲戦は行なえない。砲術の大家・猪口敏平艦長のショックは大きかった。直ちに後部方位盤に切り替えて戦闘を続行。

「明朝レイテへ突入する。夜戦に備えて、それまで探照灯員は整備に万全を期せ」との命令が下る。「武蔵」の消耗弾数は、一五・五センチ副砲二砲塔六門で零式通常弾四八発、九八式一二・七センチ連装高角砲六基一二門で三式焼霰《しょうさん》弾一六〇発。二五ミリ三連装機銃、同単装機銃、一三ミリ連装機銃の発射機銃弾数は不明。

「武蔵」の戦闘詳報には、主砲発砲の記録はない。しかし、発砲したとする生存者の証言や記録がある。

第八分隊主砲発令所所長・秋野資郎は、「第一次対空戦闘で主砲を発砲した。主砲の発射振動と魚雷命中振動は区別がつかない」と、戦後に語っている。水線下の下甲板中央部にある第一発令所では、射撃盤と測距平均盤に、方位盤や測距儀からの射撃に必要なデータが入れられ、計算結果を俯仰《ふぎょう》角・旋回角として各砲身に送る。発令所の号令官が発射ランプを見て「発射用意撃て」のブザーを押すと、方位盤射手が引き金を引いて電流が通じる。その時のランプの点滅で、砲から弾丸が発射されたか否かが分かるのである。

副長・加藤憲吉大佐の記録には、「『対空戦闘用意！』、『艦載機右九〇度！』、『主砲発砲用意！』、『発射！』と同時に、九門の主砲が一斉に火を噴いた（注：対空戦闘時には、主砲は前部二基六門と後部一基三門に分火される）。近距離射撃に向かない主砲が砲撃をやめると、副砲、高角砲が連続発射、引き続き、機銃が一斉に射撃を開始した」とある。

医務科分隊士・細野清士は、「主砲砲撃がまず始まり、次いで高角砲、機銃が一斉に撃ち出した」と回想している。左舷二番探照灯配置の掛川（都築）恒夫は、「『総員配置に就け！』のラッパで配置に就く。『主砲発射用意』のブザーが鳴る。主砲一斉射撃」と記している。

一方、「大和」に対しては、第一八戦闘中隊ＶＦ－18八機が、機銃掃射（三一八五発）を浴びせかけた。

二十四日十時二十六分、「大和」は、主砲の対空射撃を開始。

十時三十二分、右に三〇度一斉回頭、さらに、三分後、右に九〇度一斉回頭を行なう。

十時四十分、「大和」の艦首付近に至近弾一発。

十時四十六分、第一戦速（一八八ノット）で左に五〇度一斉回頭し、七分後に射撃を中止。艦隊は之字《のじ》運動を再開した。

十時五十分、九時十五分に第三八・二任務群・軽空母「カボット」（CVL－26）を飛び立った第二九雷撃中隊VT－28のTBM－C－五機のうちの一機が、「大和」にMk1魚雷改2A（調整深度三・七メートル）を、二機が「武蔵」にMk1魚雷改2Aを投下したが、戦果は不明。魚雷尾部のスクリュー羽根に適合した保護輪（シュラウド・リング）を装着したMk13魚雷改2Aは、気速三〇〇ノット、高度約二四四メートルから投下しても八〇パーセント以上は正常に馳走《しそう》したが、潜り過ぎる傾向があった。弾頭には、魚雷用火薬であるトーペックス高性能炸薬六〇〇ポンド（二七二キロ）が装塡されている。日本側は、投下高度が高いためにしばしば艦攻の低空爆撃と誤判断した。

この戦闘で雷撃機TBM－1C二機が被弾、一機は海上に不時着し、機体は失われ戦死三名を出した。ほかに負傷一名。

◇第二次攻撃

十一時四十五分、空母「イントレピッド」を発進した第二次2B攻撃隊三一機（戦闘機F6F－5一〇機、爆撃機SB2C－3一二機、雷撃機TBM－1C九機）が、攻撃を開始。

「右水平線、飛行機群！」、「武蔵」の見張り員が報告する。輪形陣の外側に占位する「武蔵」に対して、第一八爆撃中隊VB－1八機が一〇〇〇ポンド（炸薬量三二〇ポンド）半徹甲爆弾四発、同徹甲爆弾四発、一〇〇ポンド通常爆弾一六発を投下した。搭乗員は、直撃弾二発と至近弾五発と報告。「武蔵」の左舷四番高角砲左前方に命中した徹甲爆弾は、最上甲板、上甲板を貫通し、二〇〇ミリ厚の中甲板で炸裂した。直下にある第二機械室の頭上を爆弾が直撃、通風口から黒煙が広がる。もう一撃が艦首部上甲板左舷の兵員厠《かわや》を直撃し、艦首左に「マクレ」が生じた。艦長室前の武蔵神社にも爆弾が命中して、通信室内で十数人が戦死、爆弾で生じた孔《あな》から最上甲板に脱出する乗組員もいた。露天甲板は火薬と血のにおいに包まれ、機銃員は鉢巻き姿でつかれたように射撃を続ける。

第一八雷撃中隊VT－18九機も、「武蔵」の左右両舷に、Mk1魚雷改2A七本（調整深度三・七メートル）を投下し、命中二本を報告。魚雷三本が左舷に命中し、「武蔵」は、大音響とともに激しく振動した。三本が艦底を通過。

航海長・仮屋實大佐は、伝声管に口をつけて操舵室に「急げ！」、「急げ！」と叫び続けた。司令塔には操舵長・石井喜光中尉以下、操舵員四名、最下甲板の主舵取機械室に六名、第二船倉甲板の副舵取機械室に六名が操舵員として配置に就いていた。

下甲板の副砲左発令所付近に被雷、炸裂による衝撃で発令員がなぎ倒される。通風装置から硝煙が侵入したので外気閉塞《へいそく》して酸素を供給。前方隣室隔壁の鋲打ち部分から重油ガスが侵入し、酸素ボンベを頼りに戦闘を続行。艦腹にボコン、ボコン、ボコンと鈍い音、頭上に閃光《せんこう》が走り大爆発音。

「左舷中部に被弾あり、電線通路を調査せよ」。電気部後部応急員が下甲板にある電線通路のハッチ（鉄扉）を開くと、外鈑を留めていた鋲が外れてその孔から海水が噴出した。応急員は、鋲の孔に木栓を打ち込む。「一号、二号発電機使用不能！」、「四号、六号使用不能！」。被害が次第に広がっていく。水線下最下甲板右舷一六区の第三水圧機室は、上部区画への浸水で救出不能となった。

船体は左傾斜約五度となったが、直ちに復原して左傾斜一度にもち直す。戦闘前は後トリム一メートルだったが、艦首が沈下して前トリム一メートルとなる。

「武蔵」の消耗弾は、主砲三式焼霰弾九発、副砲零式通常弾一七発、高角砲三式焼霰弾二一七発、機銃弾数不明。

この戦闘で、艦上爆撃機SBW－3（カナダで生産されたSB2C）一機とSB2C－3一機が撃墜され、戦死四名、ほかにSB2C－3四機が被弾、雷撃機TBM－1C一機が海上に不時着したが、搭乗員三名は救助された。

十二時三分、「大和」は、一五五度（南南東）方向に二四機の敵編隊を視認。速力は第四戦速（二五・五ノット）。三分後、緊急右四五度に一斉回頭、左舷前部に至近弾二発、前部両舷に至近弾各一発を受けながらも対空射撃を開始し二機を撃墜、十二時十五分に射撃をやめた。

十二時二十分、右に九〇度一斉回頭、次いで、右に一五〇度一斉回頭。第一戦速。

十二時四十三分、之字運動を開始。

◇第三次攻撃

十三時、ルソン島沖はるか東北東洋上で作戦中の第三八・三任務群シャーマン少将麾下の空母「レキシントン」（CV－15）から、十時五十分に出撃した、戦闘機F6F－3／5

／5N八機、爆撃機SB2C‐3一〇機、そして、五〇〇ポンド通常爆弾四発を搭載した雷撃機TBM‐1C一六機が、日本艦隊を攻撃。第二部隊「金剛」、「榛名」を攻撃した艦上爆撃機SB2C‐3一機が撃墜されて負傷二名、SB2C‐3の一機がエンジントラブルで墜落し死亡一名。

輪形陣の中心「大和」にも攻撃が及ぶ。

十三時十二分、「大和」は、三〇〇度（西北）方向に敵機二五機の編隊を発見。第四戦速。之字運動をやめる。

十三時十五分、攻撃中の第一九雷撃中隊VT‐1の雷撃機TBM‐1C一機が撃墜され戦死三名、TBM‐1C二機が被弾。

十三時二十四分、「大和」は、右に一九〇度一斉回頭。さらに二分後、二〇度に右一斉回頭。

十三時三十分、取舵いっぱい、対空射撃を開始。適宜、取舵で回避運動、針路九〇度（東）。二分後、面舵回避。

十三時三十九分、最大戦速二七ノット。一分後、左艦首方向より爆撃機が投弾。

十三時四十二分、左舷前部七〇番梁に被弾し、上甲板七区士官二次室前で火災が発生。さらに、敵機三機が来襲。

十三時四十七分、一〇〇度方向に左一斉回頭。三分後、第一戦速（一八・八ノット）、射撃をやめる。

十四時、第三八・三任務群・空母「エセックス」（CV－9）を十時五十三分に出撃した、戦闘機F6F－3／5八機、SB2C－3一〇機、雷撃機TBF／TBM－1C一六機は、「武蔵」に対して、VF－15二機が機銃掃射三四〇〇発、第一五爆撃中隊VB－15五機が、一〇〇〇ポンド半徹甲爆弾三発と同徹甲爆弾二発を投下し、直撃弾二発、艦尾に至近弾一発。

一番砲塔の中砲に三式弾装塡直後、爆風とともに機銃弾が飛来し、信管が炸裂。猪口艦長は、第一砲塔内の弾丸の誘爆を防ぐべく火薬庫への注水を指示。

第四分掌区・第四機械室（左舷外側機械室）は、被雷による急速浸水で放棄のやむなきに至る。第四、第八、第十二缶室の三缶併用運転中、「ストン」と瞬時に蒸気圧力が急減。各缶に異常なし、缶室部員は戦闘配置に就いたまま待機。工作科は被害個所が多く対応できない。第四分掌区が使用不能となったために、右舷内側の第一機械室と右舷外側の第三機械室の右舷二軸跛行運転。缶部の指揮は、第一分掌区の九缶室となる。「武蔵」は速力が低下し、艦隊についていけなくなった。

第一五雷撃隊のVT－15六機が、Mk1魚雷改六（補助推進装置付き）六本（調整深度六・七メートル）を「武蔵」に投下し、命中三本を報告。魚雷一本が右舷六〇番梁に命中し、一本が艦首を通過。前部九区の一号と二号冷却機室付近に「ドスン」と衝撃、不発魚雷か。海水が隔壁から浸入し、水線下第二船倉一〇区の第二号水圧機室の上部にも浸水。指揮所に「急速排水を乞う」と電話で連絡するも、応急班より「浸水は数百トンに達し、なお浸水しつつあり、排水は不可能なり」との応答。海水が通風筒より浸入して総員戦死。右舷一四区付近にも魚雷命中、三号冷却室より海水浸入の報告。

「武蔵」はさらに被雷し、沈下した艦首は外飯がまくれて大波がたち、速力はますます低下。左舷への傾きと艦首の沈下が激しく、一、二番主砲の使用を断念。

駆逐艦「清霜」を付しての、マニラへの回航が指示された。

第五分隊高角砲発令所では発砲電路、通信電路が切断され、砲側照準射撃に切り替えざるを得なくなる。第八機銃群一四番機銃も電源が切断し、従動照準装置が使用できないために銃側照準となった。「武蔵」の消耗弾は、主砲三式焼霰弾一三発、副砲零式通常弾四二発、高角砲三式焼霰弾二九四発、機銃弾数不明。

この攻撃で、雷撃機TBF－1C二機が撃墜され、三名戦死、三名救助。TBM－1C八機が被弾し負傷一名。戦闘機F6F－3三機も被弾、爆撃機SB2C－3一機が被弾し海上に不時着したが、二名は救助。

◇第四次攻撃

十四時四十分、空母「エセックス」を十二時五十九分に飛び立った戦闘機F6F－3／5八機、爆撃機SB2C－3一二機が来襲。第一五戦闘中隊VF－15四機が「大和」に対して、五〇〇ポンド通常爆弾四発を投下し、命中二発を主張。第一五爆撃中隊VB－15一二機は、一〇〇〇ポンド半徹甲爆弾七発、同徹甲爆弾五発を投下し、命中七発と記録。

日本側の記録は以下の通り。

十四時十八分、「大和」は、二二五度（北）方向に敵爆撃機三機を発見し、第二戦速（二二・一ノット）。

十四時二十二分、取舵で回避し、四分後に対空射撃を開始。

十四時三十分、右艦首方向より雷撃機一機が突入、左舷艦尾付近に墜落するも、左舷錨鎖車の至近に爆弾一発が命中し、各甲板を貫通して水線下で炸裂。

十四時五十分、射撃をやめ、之字運動を再開。

「武蔵」は、主砲と高角砲で「大和」を襲撃中の雷撃機を射撃し、五機撃墜と記録。

「武蔵」への攻撃はなかった。「武蔵」の消耗弾は、主砲三式焼霰弾一五発、副砲零式通常弾三七発、高角砲三式焼霰弾一一六発、機銃弾数不明。

この戦闘における米軍の損害は、爆撃機SB2C−3一機撃墜、戦死二名、SB2C−3五機が被弾した。

艦隊内無線電話（海軍九〇式無線電話機改四）で十四時五十二分に交わされた暗号交信記録が残されている。往信「鳳2、こちら鳳1、ちとせ33、コンゴー・ロザン・ウテン・たった36鯉4、鯉7」（「『武蔵』、こちら『大和』、貴艦はコロンに向かえ、『浜風』『清霜』は護衛せよ」）。返信「昼間、こちら鳳2」（「了解、こちら『武蔵』」）。鳳2＝「武蔵」、鳳1＝「大和」、鯉4＝「浜風」、鯉7＝「清霜」である。

◇第五次攻撃

十五時十五分、サマール島の南東、レイテ島東岸沖で戦術支援行動中の第三八・四任務群ダヴィソン少将麾下の空母「エンタープライズ」（CV−6）から十三時三十分に出撃した、戦闘機F6F−5一六機、爆撃機SB2C−3九機、雷撃機TBM−1C八機（Mk13魚雷改六（補助推進装置付き）搭載、二機が調整深度五・五メートル、六機が調整深度三・七メートル）が、「武蔵」への攻撃を開始。

第二〇爆撃中隊VB−20九機が一〇〇〇ポンド半徹甲爆弾一八発を投下し、命中一一発、特設一番機銃と五番機銃の間への直撃弾で一挙に三〇名が戦死した。第二〇雷撃中隊VT－20八機が、魚雷八本を投下して命中八本を記録。

「武蔵」は、爆弾四発の直撃で前部応急員は全員戦死。魚雷は四本が命中し、四本が艦底を通過した。魚雷は、二番主砲塔左右舷側付近に集中し、破口からの浸水に防水、排水不能となり、結果的にこれが致命傷となった。

艦の前部は中甲板まで浸水し、艦首がさらに沈下し、前トリム四メートルとなる。下甲板にある電線通路隔壁が水圧で膨んで第三号冷却室および水圧管通路の補強がすべて脱落。第二防御指揮所入り口から浸水し、防御指揮官内務長・工藤計大佐は、部下と共に浸水を遮断した。三番主砲塔弾庫に左舷上部排気口から海水が浸入、弾庫長以下二〇名の弾庫員が、毛布と円材で浸水を食い止める。

「武蔵」の消耗弾は、主砲三式焼霰弾七発、高角砲三式焼霰弾一一八発、機銃弾数不明。この攻撃で、雷撃機TBM－1C一機が被弾した。

十四時五十八分、「大和」は、右二九〇度に一斉回頭。二分後、速力第四戦速（二五・五ノット）。十五時十分、「大和」は、対空射撃を開始し、直後に面舵で回避、さらに三分後に面舵で回避運動。後部左舷と前部右舷に至近弾各一発。左三〇度より向かってくる雷跡二条を発見し、面舵で回避。

十五時二十五分、射撃をやめる。

VT-18一機が、魚雷一本（調整深度五・三メートル）を投下し、命中一本を報告。

TBM-1C一機が被弾し二名が負傷。


「武蔵」に対する猛攻が始まった。

十五時二十五分、第三八・四任務群・空母「フランクリン」（CV-13）を十三時三十分に出撃した戦闘機F6F-5一二機、爆撃機SB2C-3一二機、雷撃機TBM-1C一〇機が、「武蔵」への攻撃を開始。

第一三爆撃中隊VB-13三機が、五〇〇ポンド半徹甲爆弾六発を投下し、搭乗員は命中二発を主張。第一三雷撃中隊VT-15九機が、Mk13魚雷改2A（シュラウド・リング付き（調整深度四・九メートル））九本を投下し、命中一〜三本を記録。

「武蔵」の下甲板中央の主砲第一発令所は、五次に及ぶ対空戦闘を通じてまったく被害を受けなかった。主砲関係の指揮通信機能を完備していて、各所の被害状況はよく分かる。「ズッスン」という衝撃、艦の横揺れと同時に、右舷一六区の七号電動機室の電流計に二八〇〇アンペアの電流が流れてショート。主管制盤指揮所に、「舵電路魚雷命中、送電不能」と報告。下甲板にある環式主電路も破壊されたが、発電機は八基中四基が最後まで健在であった。拡声器も使用不能になり、艦底付近からは、「ドカン、ドカン」と隔壁が水圧によって押しつぶされる音が聞こえてくる。

この攻撃で、雷撃機ＴＢＭ－１Ｃ二機が撃墜され戦死六名、ＴＢＭ－１Ｃ三機が被弾した。

十五時三十分、空母「イントレピッド」を十三時四十五分に出撃した、第三次２Ｃ攻撃隊（戦闘機Ｆ６Ｆ－５一五機、爆撃機ＳＢ２Ｃ－３一二機）が、「武蔵」を攻撃。雷撃機ＴＢＭ－１Ｃ三機が「大和」と「羽黒」を雷撃したが、魚雷は「大和」の艦尾を通過した。

第一八爆撃中隊ＶＢ－18七機が、「武蔵」に対して、一〇〇〇ポンド半徹甲爆弾一発、同徹甲爆弾二発、同通常爆弾三発、一〇〇ポンド通常爆弾一四発を投下し、一〇〇〇ポンド爆弾各一発ずつの命中を記録。水柱が林立し、「武蔵」は爆煙と砲煙に覆われる。

「武蔵」右舷見張り員が声を張り上げる。

「右一二〇度、高角五〇度、六〇（六〇〇〇メートル）急降下二機突っ込んでくる！」

初めの一機の爆弾は当たらない。次の一機が約五〇〇メートルで爆弾投下、黒い点が次第に大きくなる。防空指揮所右舷を直撃した爆弾は、第一艦橋張り出し一八番双眼鏡付近で炸裂し、第一艦橋および作戦室が大破し小火災が発生した。

防空指揮所の艦長・猪口大佐は右肩に軽傷、高射長・広瀬榮助少佐と測的長兼先任艦長付・山田武男大尉が戦死、第一艦橋の航海長・仮屋實大佐、作戦室にいた「摩耶」副長・永井貞三中佐も、爆風を浴びて戦死した。これによって、対空指揮と操舵指揮が一時途絶する。

艦橋と機関科指揮所間の各種通信装置、速力通信器、回転増減器、舵角指示器、高声令達器が使用不能となり、一般交換電話回線のみが通話可能であった。二〇〇ミリ厚の装甲に守られ、直撃爆弾にも機関室内相互の電話器は健在であった。機関科員は、日夜訓練した手先信号で相互の意思を伝達し、各軸受け温度測定値が運転士官に手先信号で報告された。

命中魚雷一一本、直撃爆弾一〇発、至近弾六発を数え、後部三連装副砲は対空弾をほとんど撃ち尽くす。発令所より、二番副砲火薬庫注水の指示があった。再度問いただすも、同じ命令を繰り返すのみ。弾庫科員は、無念さを押し殺して注水した。

右肩に包帯を巻いた猪口艦長は、防空指揮所から艦全体の被害状況を確認すると、第二艦橋で手帳に遺書をしたためた。猪口艦長は、「艦と運命を共にするのは艦長だけでたくさんだ。総員を集めて退艦を命令せよ」と後事を加藤副長に託すと、前艦橋の艦長室に入って「武蔵」と運命を共にする（昭和二十年五月九日、故海軍中将猪口敏平外諸勇士八名の合同葬儀が、海仁会呉集会所桜松館で執り行なわれた）。遺書を書くのに使用したシャープペンシルは、靖国神社遊就館に展示されている。

二番主砲塔は左砲戦九〇度を指向していたが、副長からの「二番主砲、係止の位置に戻せ」の命令で、砲員が水圧弁を操作して元に戻した。四六センチ主砲九門は、本来の目的であった対戦艦に対しては一発も実弾を発射することはなかった。

「武蔵」の消耗弾は、主砲三式焼霰弾一〇発、副砲五八発、高角砲三式焼霰弾四一二発、機銃弾合計一二万五〇〇〇発。

夕日が水平線に沈むころ、浸水が激しくなり、後方マスト・ヤードから戦闘旗が降ろされる。「武蔵」は、トリム前四メートルが一挙に八メートル以上となり、一番主砲塔左舷最上甲板の一部が海没する。第三分掌区指揮官は、全機械を停止し、全員を運転指揮所に集合させると、「わが『武蔵』の運命はもはやこれまでと思われる。総員退去せよ」と、悲壮な面持ちで命令した。

加藤副長の指示で、傾斜復原のために、第二船倉甲板にある第三機械室に注水することになる。応急注排水装置の範囲外だった機械室は、上段が主タービン、下段が復水器と補助機械などのポンプ室になっていた。第三、第七、第十一缶室にも注水、「キングストン弁開け」の命令。ドライバーとスパナをてこにして錆付いたキングストン弁を開けると、水柱が二メートル近くも噴き上がった。

この戦闘でSB2C－3三機が被弾、うち一機が海上に不時着し負傷一名。

十五時三十分、軽空母「カボット」を十四時に発艦したF6F－5／3一〇機とTBM－1C三機が、「利根」と「長門」を爆撃。攻撃中に、TBM－1C一機が撃墜され戦死三名、F6F－5一機が被弾。米空母機の攻撃は、いつ終わるとも知れなかった。

栗田艦隊の被害は、「妙高」被雷一、「大和」被弾二、「矢矧」至近弾、「長門」被弾二、「利根」被弾二、「清霜」被弾一、「浜風」至近弾。攻撃機数の割に被害が少なかったのは、米軍機の攻撃が「武蔵」に集中したからである。

日没（十八時二十一分）までにはまだ時間がある。このまま進撃を続けると、シブヤン海の東のブリアス島、マスバテ島、その北方のティカオ島のある狭水域に達してしまい、回避運動に支障を来す恐れがあった。

「大和」の第一艦橋で、作戦参謀・大谷藤之助中佐が、「長官、しばらく敵をかわしましょう」と、栗田司令長官に進言する。第一遊撃部隊指揮官信号で艦隊内に、「敵の空襲状況にかんがみ、しばらく反航、攻撃成果を待つため一時西方に避退、機宜行動す」が下令された。

十六時四十六分、艦隊（第一遊撃部隊「武蔵」欠）は、左に二九〇度（西西北）一斉回頭し、元来た西方向に引き返す。その途上で、艦隊は、左に傾斜して航行不能に陥った「武蔵」を目撃する。

敵襲はやんでいた。米側は、もはやシブヤン海の栗田艦隊は重大な脅威にはならないと判断し、その関心を、いまだ所在をつかんでいない日本の空母部隊の発見に移したのである。

十六時四十分、米索敵機が、母艦より北東海面、北緯一八度二五分、東経一二五度四六分、針路七〇度にある小澤治三郎中将指揮下の囮《おとり》空母部隊を発見。

十六時四十八分、「敵ノ空襲状況ニ鑑《かんが》ミ暫《しばら》ク友隊ノ攻撃成果ヲ待ツ為《ため》一時西方ニ避退機宜行動ス」

という意見具申電報が、神奈川県日吉の聯合艦隊司令部に向けて打電される。

宇垣司令官は『戦藻録』に、「敵を欺瞞《ぎまん》するため、夕方までに一度反転することは明日のため有利」と記し、栗田中将の判断に賛意を示している。

十六時五十八分、「大和」は、六〇度（東北東）方向に敵機一〇数機を発見。

十七時十四分、「大和」は、右一二〇度に一斉回頭、輪形陣を縦陣列に変えた艦隊は、再びレイテ湾を目指して一路、東方のルソン島南岸とサマール島の間にあるサンベルナルジノ海峡（東西両水道の幅五～九海里、水深五五～一二八メートル）を目指した。

栗田中将はこの時の状況を、昭和二十四年（一九四九）十二月十日に次のように陳述している。

「私は若干の敵機動部隊がサンベルナルジノ海峡の南方にも占位していると信じていた。このような状況であれば徒《いたずら》に敵機の好餌《こうじ》となる虞《おそれ》もあったので私は十六時、聯合艦隊に対し状況を具申し聯合艦隊の再考慮を求めたのであった。部隊が反転後、敵機の空襲は途絶えたので私は速やかにサンベルナルジノ海峡の入り口に至る予定で反転を命じた。幕僚のなかには聯合艦隊からの返電を待つべき意見もあったが、私は断固、反転前進の方針をとったのである。このとき参謀長から、『また行くのですか』との反問を受けたことは今でも明瞭《めいりょう》に記憶している」

その参謀長である小柳冨次が著した『栗田艦隊』には、「日没までにはまだ数時間あるのに、これは不思議だ。どうしたことかと怪訝《けげん》に思っていると、十七時十五分、長官より突然、「引き返そう」といわれ、再転して東進、サンベルナルジノ海峡に向かった」とある。

十七時二十四分ごろ、前方部に傾斜したままの「武蔵」を見ながら東進。「武蔵」から、「状態大いなる変化なく、機械の一部および舵も利く」との最後の信号を受信。「磯風」水雷長・白石東平大尉が距離一〇〇〇メートルから、艦首を海中に没した「武蔵」を撮影した。

宇垣司令官はこの時の状況を、『戦藻録』に以下のように記している。

「本反転において麾下の片腕たる『武蔵』の傍《かたわら》を過ぐ、損傷の姿いたましき限りなり。凡《すべ》ての注水可能部は満水し終わり、左舷に傾斜一〇度位、御紋章は表し居るも艦首突っ込み、砲塔前の最上甲板最低線水上に在り。魚雷の命中十一本爆弾また数発、その一は予《かね》て戦艦に於いて警戒せる誘爆、舵故障、第一艦橋の吹飛び三者を起こせり。即《すなわ》ち電探枠に命中せる一弾は防空所に在りたる猪口艦長の右肩を傷つけ第一艦橋、作戦室を全滅せしめたりと言う。全力を尽くして保全に努めよ。又一時艦首を付近島沿岸の浅瀬にのしあげ、応急処置を講ずべきを司令官として注意したり。慰めの言葉も適当なるもの即座に出ぬなり」

十七時五十分、戦艦「ニュージャージー」（BB-62）に座乗する第三艦隊指揮官・ハルゼー大将は、「攻撃隊の報告によれば、日本海軍中央部隊（栗田部隊）は重大な損害を被った。翌黎明時に、北方に発見された敵空母部隊（小澤部隊）を攻撃するため、三群から成る任務部隊と共に北上する」と、レイテ湾で作戦中の第七艦隊指揮官・キンケードに打電した。

二十時六分、ハルゼーに、夜間用空母「インディペンデンス」（CVL-26）の夜間偵察機がシブヤン海をサンベルナルジノ海峡に向かって東進する栗田艦隊を目撃したとの情報がもたらされた。

しかし、ハルゼーは日本の航空兵力を懸念し、北方の日本空母部隊が南下して、翌朝、日本軍基地航空部隊と共同して挟み撃ちされることを恐れて、麾下空母部隊の北上を続行し、第三艦隊の全兵力をあげて、搭載機一一六機のみの小澤部隊撃滅に向かった（一一六機の内訳は、零戦五二機、零戦爆装二八機、天山艦攻二五機、彗星艦爆七機、九七式艦攻四機）。

小澤中将麾下の空母部隊は、計画通り米空母群を北方にけん制、誘致することに成功し、敵艦上機に触接されたことを関係各艦隊司令官に打電した。しかし、この情報は、栗田中将には伝わらなかった。

「武蔵」の最期

右舷主機械も停止し、左舷前部に傾いて最上甲板が海面すれすれまで没していた「武蔵」は、急にその傾斜を増した。二五ミリ弾の薬きょうが音を立てて転がり始める。三番主砲塔が脱落する。煙突から黒煙が上がったかと思うと、突如大爆発が起こって火炎が噴出する。海面の重油（厚さ三〇センチ以上）に引火して燃え広がる。

爆発音とともに、「武蔵」は艦尾を上に向けて直立し、巨大な艦底を見せて左に回転しながら沈み始める。巨大な渦、そして再度の爆発音、多量の水蒸気が立ち昇る。海面を漂流する乗組員たちは、信じられない光景を前に、敬礼して沈みゆく「武蔵」を見送った。駆逐艦「清霜」と「浜風」が、乗組員を救助する。

十九時三十五分、「武蔵」は、シブヤン海の水深一三五〇メートル、北緯一二度四八分、東経一二二度四一・五分に没した。戦死、行方不明一〇三〇名余り。生き残った加藤憲吉副長のメモには、魚雷命中左舷二五本、右舷五本、爆弾直撃一七発、至近弾一八発と記されている。

二〇一五年三月米実業家ポール・アレン氏の調査チームがフィリピン－シブヤン海の海底一一〇〇メートル「武蔵」実像撮影。艦首菊花御紋章が失われたが右舷主錨など海底写真で実像を明らかにした。

第一戦隊司令官・宇垣中将は、「日没にして一時間余、警戒の駆逐艦より『武蔵』は十九時三十七分、急に傾斜沈没せりとの報を受ける。嗚呼《ああ》、我半身を失へり！　誠に申し訳なき次第とす。さり乍《なが》ら其《そ》の斃《たお》れたるや『大和』の身代わりとなれるものなり。今日は『武蔵』の悲運あるも明日は『大和』の番なり。遅かれ早かれ此《こ》の両艦は敵の集中攻撃を食らう身なり。思へば限りなき事なるも無理な戦なれば致し方なし。明日『大和』にして同一の運命とならば麾下尚《なお》『長門』の存するあらんも、最早隊をなさず、司令官として存在の意義なし。宜《よろ》しく豫《かね》て『大和』を死処と思ひ定めたる如く、清く艦と運命を共にすべしと堅く決心せり」と、その覚悟を『戦藻録』に吐露している。

来襲した米空母機は延べにして、戦闘機一〇二機、爆撃機八四機、雷撃機七三機の計二五九機。これに対して、「大和」は、主砲対空弾（九四式四〇センチ三式焼霰弾）三一発、副砲対空弾（一五・五センチ零式通常弾）一〇二発、高角砲対空弾（一二セン

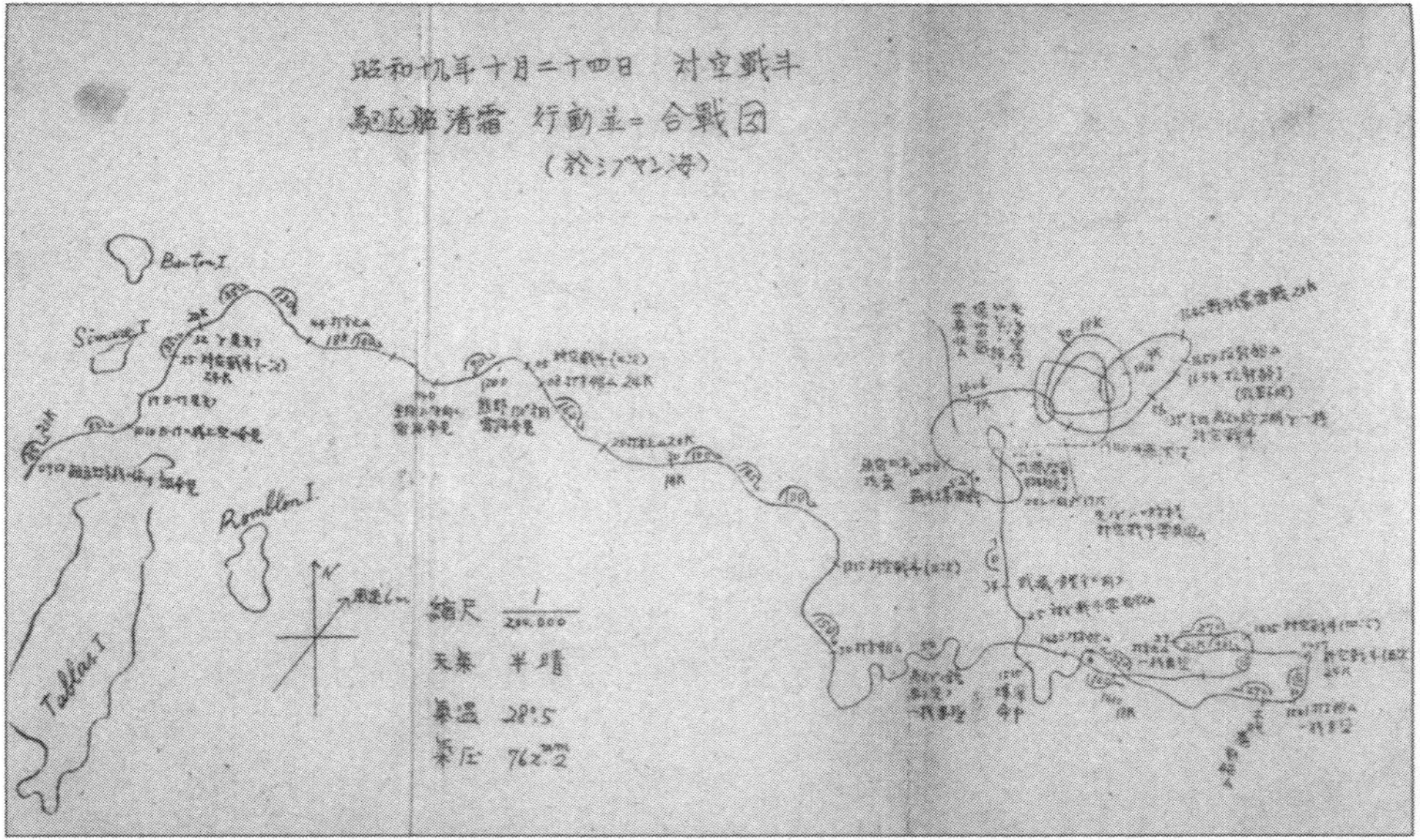

昭和19年10月24日、「清霜」のシブヤン海における行動・合戦図。
19時40分に沈没した「武蔵」の乗員救助海面を示す

チ高角砲通常弾薬包）七八四発、機銃対空弾（九六式二五ミリ機銃通常弾薬包）二万一五〇〇発を発射した。

「大和」、主砲一式徹甲弾を発射

「武蔵」を失った第一遊撃部隊二三隻は、警戒航行序列に占位しながら、シブヤン海東方海面、ブリアス島とマスバテ島の間を通過し、二十一時三十四分、ティカオ島北端の小島サンミゲル島を見ながらティカオ狭水道を東東南に変針、三〇分後、ティカオ島東岸のサンハシント灯台を一二度五五海里に見て東方に再度変針し、二十二時三十九分、「咄嗟《とっさ》戦闘」に備えて配置に就く。

二十三時五分、第一遊撃部隊は、ルソン島最南岸のカランタス灯台を六二度八海里に見ながら八〇度（東方向）変針し、単縦陣で潮流の激しいサンベルナルジノ海峡に入る。

第三南遣艦隊参謀長は、「バラバック海峡（パラワン島南端とボルネオ島北端間をスル海に抜ける海峡）は二十二日夜より、サンベルナルジノ海峡（幅約五キロ、距離約二五キロ）は二十三日夜より点灯のこと手配せり。灯火は応急灯火なるため光力弱し」（機密第一九一六四三番電・暗号書呂二B）と、遊撃部隊に連絡していた。

二十五日〇時三十七分、「大和」は、月明かりと応急灯を頼りに東東北に変針し、サンベルナルジノ海峡を通過して、シブヤン海から太平洋側へ抜け出た。

一時五十五分、艦隊は、第二水雷戦隊「能代」以下、二列隊の駆逐艦「山波」、「沖波」、「早霜」、「秋霜」、「浜風」、「藤波」、「島風」、第五戦隊「羽黒」、「鳥海」、第七戦隊「熊野」以下、重巡洋艦「鈴谷」、「筑摩」、「利根」、第十戦隊「矢矧」以下、二列隊の駆逐艦「野分」、「浦風」、「磯風」、「雪風」が五キロ間隔で並び、その後方五キロ右に第一戦隊「大和」、「長門」、左に第三戦隊「金剛」、「榛名」が索敵配備で占位する。

四時、艦隊は、サマール島東方約一〇海里（北緯一二度四四・五分、東経一二五度三・五分）で一五〇度（南南東）に変針し、十一時のレイテ湾突入を期して南下を開始した。サマール島の南端右方に、目指すレイテ湾がある。

六時、サマール島沖北東方の天候は曇り、東の風一一メートル、気温二七・五度、視界一一キロ。日の出は六時二十七分だが、天候は不良で夜は明けきらない状況だった。

六時四十分、艦隊は、北緯一一度五四分、東経一二五度五一・五分において、一七〇度（南方向）に変針。四分半後、「大和」の見張り員が、東東南方向、距離三七キロにマスト七本を視認し、グラマン艦攻二機を発見した。「大和」は、最大戦速、即時待機とし、敵機に対して射撃を開始し、一分後に射撃を中止した。米軍機は、レイテ島上陸作戦支援中の護衛空母を発進した対潜哨戒機であった。

次いで、「大和」は、左六〇度三七キロに、駆逐艦らしきマスト四、続いて空母三、巡洋艦三、駆逐艦二を確認し、敵の風上側に占位できるよう一一〇度方向に展開して、縦陣列で追撃した。

「大和」の戦闘艦橋に立っていた第二艦隊参謀長・小柳冨次少将は、その時の心境を著書『栗田艦隊―レイテ沖海戦秘録』のなかで、「敵は正規空母の一集団と直感した。一瞬の猶予もならない。この千載一遇の戦機を見逃してはならない。隊形などにこだわってはならない。このまま敵に殺到し、ボルネオ・リンガ泊地で鍛えた腕を試すのはこの時、一網打尽に薙《な》ぎ伏せてくれん」と記している。

「大和」の主砲九門を一斉射撃するには、九八式方位盤で照準し、射手が引き金を引く。海面上約四〇メートルに位置する方位盤塔内には、砲術長以下一二名（射手、旋回手、動揺手、伝令ほか）が配置に就いている。

刻々位置を変える標的（敵艦）を、砲術長、射手、旋回手、動揺手四名が、それぞれ別の潜望式眼鏡（通称：カニ眼鏡）で照準する。射手と旋回手は、目の前の受信器の中で絶えず動く赤い基針を見ながら手元のハンドルを回す。一段下にある一五メートル測距儀で標的との距離を測る。

方位盤と測距儀（三人の測距の平均値）のデータが、艦橋直下、水線下の厳重に防御された発令所（発令所長、射撃盤長、号令官、射撃盤各操作手、伝令など一六名配置）にある九八式射撃盤（幅二・五メートル、奥行き二メートル）に送られ、敵艦の針路、速力、風向、風速、気温、地球の自転など、弾丸が飛翔《ひしょう》するときに影響する多くのデータが入力され計算される。

方位盤で照準している方向を基に、弾丸（一式徹甲弾・全長一・九五五メートル）が発射されてから弾着するまでに位置を変化させる敵艦にちょうど命中するように、号令官が、砲身の仰角と砲塔の旋回角を砲側にブザーで指示する。

各砲塔には旋回用受信器一個、砲身ごとに俯仰角用受信器一個があり、その受信器の中の白い追針に赤い基針が重なると、砲塔、砲身が、射撃盤の計算した砲身俯仰角、砲塔旋回角通りであることになる。砲側の射手と旋回手がこの角度に合うようにハンドルを回すと、秒速八度で重量一六五トン、長さ約二メートルの九門の主砲身が上下する。砲室内では、弾丸と装薬が砲に装填され、尾栓が自動的に閉まる。

方位盤の射手が引き金を引き、砲側が指示された角度通りに正しく操作していれば、赤と白の針が重なって、両方の針についている二つの電極が接触して電管に通じて装薬の爆発が引き起こされ、弾丸はすさまじい圧力で砲口から飛び出す。追針と基針が合っていないと電流が通らないから、その砲身からは弾丸が発射されない。

六時五十八分、「大和」は、前部砲塔六門で、三一・五キロ先の空母（実際は護衛空母）に向けて砲撃を開始。発令所の号令官が「発射用意・撃て」のブザーを押すと、方位盤射手・村田元輝中尉が引き金をストンと落とした。前部主砲六門の砲口から茶褐色の砲煙が爆風とともに噴出し、六筋の弾道が薄煙を引きながら標的に向かっていく。五斉射。

七時六分、目標（空母）に対して一斉射、三分後、射程三三・二キロの空母に三斉射し、煙幕妨害によって射撃を一時中止した。

射程三万メートルの場合、砲身の仰角二三・一六度、約一・五トンの徹甲弾は、標的に五六・三二秒で到達する計算であった。弾丸は、秒速七八〇メートルで右に回転しながら放物線を描いて飛翔する。

弾丸が発射されると、砲身は、その反動で一定の位置まで後退してそこで止まり、再び前に進んで仰角三度の位置で停止。尾栓が自動的に開いて、砲尾（直径一・九メートル）の噴出装置から白い水蒸気が噴き出して、砲身内の装薬の爆発時にこもった熱気を砲口から吹き飛ばす。

一番砲手が砲身内の安全を確認し、二番砲手が、尾栓中央にある雷管挿入孔を清掃して、次の弾丸発射のための雷管を詰める。

一式徹甲弾には、白、赤、黄、青などの色がついた顔料が入っていて、着弾すると色のついた水柱が立ち上る。それによって、標的に対して、近弾か、遠弾か、挟叉《きょうさ》しているかが判別できるのである。四六センチ砲弾の水柱は、三〇階建てのビルディングの高さ、約一一〇メートルにも達する。ちなみに、サマール沖追撃戦時の「大和」の一式徹甲弾の顔料は白色、「長門」は赤色だった。

七時二分ごろ、「大和」は、敵空母が全部で六隻であることを確認し、戦艦、巡洋艦各戦隊に進撃が下令された。栗田司令長官が米高速空母部隊と判断したのは、タフィ三、第七七・四任務群（クリフトン・A・スプレイグ少将）の「カサブランカ」級護衛空母六隻、駆逐艦三隻、護衛駆逐艦四隻の計一三隻であった。

「カサブランカ」級は最新鋭の護衛空母で、長さ一五二メートルの高速貨物船（S4-S2、BB-3型）を改造したものだった。飛行甲板の幅三三メートル、前後各一基の昇降機、左舷側にカタパルト一基を装備し、海面からの高さ一二・五メートル、基準排水量六七三〇トン（満載排水量一万一二〇〇トン）、最高速力一九ノット、航続距離一万二〇〇〇海里。兵装は、艦尾に三八口径五インチ対空砲一基、そして、四〇ミリ・ボフォース二連装機関砲八基、二〇ミリ・キャノン自動火器二〇基を飛行甲板舷側に搭載し、マストに空中捜索用SKレーダーと水上捜索用SGレーダーを装備していた。

七時九分、「大和」は、敵が煙幕を展張したためにいったん主砲射撃を中止したのち、右に一斉回頭して対空射撃を開始。

七時十五分、副砲長・深井俊之助少佐が照準した前部副砲三門で、煙幕から姿を現した敵駆逐艦に対して一一斉射。空母一隻撃沈、同一隻大火災、巡洋艦一隻撃沈と判定した。

七時二十五分、主砲射撃を再開。射程一八・五キロの巡洋艦（実際は駆逐艦）に対して一斉射し、効果大と判定。射程一万七〇〇〇メートルの場合は、砲身の仰角一〇度、二六・〇五秒で標的に到達する計算であった。

天候は東方より次第に回復し、視界が開ける傾向にあった。この間、敵機の来襲があって右に一斉回頭。

七時五十三分、「大和」は、副砲で敵駆逐艦を砲撃中に右前方に雷跡を発見し、栗田司令長官の指示で取舵をもって非敵側に回避。約一〇分間、右に四本、左に二本の雷跡に挟まれたまま、反航して魚雷をやり過ごし、面舵に転舵して追撃を再開する。

七時五十五分、敵駆逐艦の中口径砲の斉射による至近弾があり、そのうちの二弾が「大和」の右舷後部の烹炊《ほうすい》室天井および外側短艇庫（不発）に命中。最上甲板の破孔は六〇センチであった。

八時二分、左舷の雷跡が消えたために零度に変針、二分後に右舷の雷跡も消えたので面舵反転し、針路を一六〇度にとる。

八時十四分、「大和」は、敵情捜索のために、右舷射出機より零式観測機二号機（機長・今泉馨中尉、偵察員・黒須利夫飛行兵曹長）を射出。第一戦隊飛行長・伊藤敦夫少佐は、「敵母艦群に接触し、位置、兵力、針路、速力などを確認、爾後《じご》、レイテ湾に行って敵所在艦の位置、兵力を偵察のうえ、セブ島水上基地に帰投して命令を待て」と指示した。今泉中尉は、敵の針路は南東と報告。

八時二十二分、「大和」は、右斜め前方の目標（護衛空母）に対して、日本海軍初の電探射撃（距離二万一五〇〇メートル、六斉射）を実施。最初の射撃は電測直接、残りは電測間接射撃であった。戦果は不明。後日、「砲戦必勝のためには、方向精度良好なる電波探信儀の装備を急務とする」という戦訓を得る。同二十九分、右舷後部に至近弾一発。

八時五十一分、「大和」は、零式観測機一号機（機長安田親文飛行兵曹長、偵察員・須古治飛行兵曹）を射出。安田飛行兵曹長は、駆逐艦が煙幕を展張し、空母四隻が南南東に遁走《とんそう》と報告した。

「大和」は、まずは右の敵を撃滅するために、針路を南南西にとる。第一戦隊の宇垣司令官と共に第一艦橋にいる第二艦隊司令部が、程なくして「東の敵に向かえ」と下令し、「大和」は南南東に変針。

しかし、敵空母発見には至らなかった。追撃戦中（六時二十五分〜十時）の来襲機は一八機。

この日、「大和」は、初めて敵艦に対して主砲を発射した。「大和」の消耗弾は、水上弾（九四式四〇センチ一式徹甲弾）一〇〇発、水上弾（一五・五センチ砲：九一式徹甲弾）一二七発、主砲対空弾（九四式四〇センチ三式焼霰弾）二四発、副砲対空弾（一五・五センチ砲：零式通常弾）一七四発、高角砲対空弾二六六発（一二・七センチ高角砲：通常弾薬包一九〇四発、着色弾薬包二六二発）、機銃対空弾四万発（九六式二五ミリ通常

弾薬包二万八〇〇〇発、曳跟《えいこん》通常弾薬包一万二〇〇〇発)。

十月二十四〜二十六日の三日間の、日本艦隊の三群(南方部隊、北方部隊、中央部隊)に対する米空母機の延べ出撃数は一六八六機(「数字が語るレイテ湾海戦シブヤン海の戦いの分析報告」)。内訳は、米軍呼称の南方部隊(西村・志摩部隊)に九六機、北方部隊(小澤部隊)に五二七機、中央部隊(栗田部隊)に一〇六三機である。ちなみに、十月二十四日の栗田部隊に対する出撃機数は総計二五九機(戦闘機一〇二機、爆撃機八四機、雷撃機七三機)で、「武蔵」、「大和」以下の栗田艦隊に対して、爆弾九九発、命中四四発、ロケット弾一五発、命中九発、魚雷四七本、命中二五本、総投下数一六一、命中数七八との記録が残されている。

米軍の損害は、被弾一八〇機、攻撃中の損失一八一機、パイロットを含む搭乗員戦死数一七名、行方不明一一四名、負傷数一七名であった。

本海戦に参加した米軍艦艇は総計一六九隻、内訳は、第三艦隊が空母八隻と軽空母八隻を含む計九三隻、第七艦隊が護衛空母一六隻を含む計七六隻である。その作戦行動を可能にしたのは、戦務部隊がエニウェトク泊地からウルシー泊地に移動し、浮きタンク貯蔵庫として旧式油槽船四〇隻をもって、艦船と航空機の燃料四〇万バーレルを集積したことにあった。

シブヤン海における米艦上機群対上空掩護《えんご》のない第一遊撃部隊との激闘は、航空兵力優位を改めて決定づけることになる。戦闘に参加しなかった第三八・一任務群マッケイン少将麾下の「ワスプ」（CV-18）、「ホーネット」（CV-12）、「ハンコック」（CV-19）、「カウペンス」（CVL-25）、「モントレー」（CVL-26）は、補給のためにウルシー泊地に向かっていたが、北方に日本空母部隊が発見されると、ハルゼーから、補給を中止し全速でほかの三任務群に合同するよう命じられることになる

レイテ湾を目前にした不可解な反転

第一艦橋中央の羅針儀コンパスにもたれていた第二艦隊の小柳冨次参謀長（「愛宕」から脱出時に負傷）が、「もう追撃はやめたらどうでしょうか」と栗田司令長官に進言し、栗田長官はこれを入れて追撃戦の中止が決まった。

この時点までに、第七戦隊「熊野」は、米駆逐艦の魚雷により艦首前方を切断し落後したが、自力航行が可能となってコロンに帰投。「鈴谷」は、至近弾により左舷内側推進軸が使用不能となり落後、その後、被爆して搭載魚雷の誘爆により沈没（北緯一一度四八分、東経一二三度二六分）。「筑摩」は艦尾に被雷し、落後ののち沈没。警戒のために分派された「野分」は、米水上艦の砲撃で沈没。第五戦隊「鳥海」は、前部

機械室に被弾して落後。「藤波」は、警戒艦として「鳥海」の乗組員を収容後、「鳥海」を雷撃処分としたが、その後、消息不明となった。

十月二十五日九時二十四分、第二艦隊司令部は、第十戦隊の突撃下令を聞いて、「逐次北方に集結せよ」と命じる。駆逐隊が「矢矧」の後尾についた時、第十戦隊司令官・木村進少将は、栗田司令長官からの「集結」の指令を受領した。

九時三十四分、第七戦隊「利根」は、射距離一万九三〇〇〜二万四〇〇〇メートルで主砲を四斉射（発射弾数一五発）すると、射撃を中止して反転。

十時十分、「大和」は、前部右舷に一発、中部両舷に各一発、後部右舷に一発の至近爆弾を受ける。

十時十四分、米爆撃機と雷撃機二四機が「大和」に来襲。「大和」は、十時十七分から対空射撃を開始。二分後に面舵に回避、さらに三分後に面舵回避、左前部に至近弾二発を受ける。

十一時二十分、「大和」は、右回頭して針路を二二五（西南方向）にとり、「レイテ湾突入」（二十五日〇六〇〇ごろ、地点「ヤルセ三二」（北緯一一度四六分、東経一二五度四六分））を、麾下部隊に伝える。

その直後、埼玉県清瀬の秘密外信受信所・大和田通信隊（昭和十一年〔一九三六〕開

隊）から、「左記平文を傍受せり。発七艦隊長官（キンケード）、着信者不明　本文現命令を取り消す。直ちに『レイテ』湾口南東三〇〇海里に向かい、爾後、命を待て〇八二二」との電文を受信。

宇垣司令官は『戦藻録』に、「十一時二十分頃《ごろ》に至り何を考えたか針路を二二五度としてレイテ湾に突入すると信号した」と、第二艦隊司令部の不可解な決定を記している。

十一時四十五分、「大和」は、搭載していた「長門」機（機長・内田少尉、操縦員・小川上飛曹）を射出。

十一時四十八分、艦隊は、右二七〇度（西方向）に一斉回頭し、スルアン灯台の〇度方向四七海里に迫った。レイテ湾口が見える地点まであと二時間半であった。

第一遊撃部隊指揮官（栗田中将）は、一一五〇番電「〇九四五『ヤキ一カ』ノ敵機動部隊ヲ攻撃サレ度《たし》」と、第一航空艦隊と機動部隊に打電。

十二時十五分、敵機五九機が来襲。艦隊は、第一、第二部隊を合同して単一の輪形陣をとっていた。「大和」を中心に、前方に「長門」、右回りに「羽黒」、「金剛」、「利根」、「榛名」、外円は、「能代」を先頭に、右回りに駆逐艦三隻、「矢矧」、駆逐艦三隻。艦隊は、左に二四〇度一斉回頭し、対空射撃を開始。駆逐艦は、第一戦隊に「浜風」、「島風」、三戦隊に「浦風」、「雪風」、第五、第七戦隊に「矢矧」、「磯風」、「能代」、後方に警戒艦「岸波」。この後の米軍の攻撃は、補給を中止して戦闘に参加した第三八・一任務群の空母「ホーネット」、「ハンコック」、「ワスプ」、「カウペンス」と、護衛空母から飛び立った艦上機が主力となる。ほかの空母群は、北方の小澤部隊を攻撃していた。

「大和」は、レイテ湾口まで四七海里に迫りながら突如反転した。これにより、レイテ湾突入はなくなったのである。

主計長・石田恒夫の手記「乗艦大和の死闘」（増刊「歴史と人物」・中央公論社）は、反転を決めた第一艦橋の状況を次のように記している。

「被雷で沈没した第二艦隊旗艦『愛宕』から移乗した第二艦隊栗田司令官は、第一艦橋右舷前方の席に座り洋上を瞰視《かんし》していた。

この対空戦闘中に大谷参謀が小柳参謀長に、『参謀長、回れ右をかけましょう』といった。小柳参謀長は、栗田司令長官に背後からこれを伝えた。

栗田司令長官は『ウム』と一言いったままで、後は黙っていた。

操舵手が舵を取り始めた瞬間、左舷の窓際にいた第一戦隊宇垣司令官がぐるりと第二艦隊小柳参謀長の方を向いて、レイテ湾の方向を指しながら『参謀長、敵は向こうだぜ』と怒鳴るようにいわれたが、応答なく艦橋内は沈黙に包まれた」

令達報告および通報の戦務による令達（命令・訓令・日令・法令・訓示・告示）によれば、「強制的性質を有する命令は、受令者の決行すべきもの、訓令は受令者の活用を待つものである。指揮官は、その計画および意思をその実施者たる部下に対し伝達するには令達による。令達は軍隊に於《お》ける指揮官とその部下を連結して計画と実施を結合し以《もっ》てその隊の任務を遂行し目的を達成させる唯一の神経である。受令者は命令に対し即時且《か》つ絶対の服従を要求されるもので、『前に進め』の号令は如何《いか》なる障害あるも即時且《か》つ絶対に前進すべきことを要求する。陣形運動に於いて『斉九』の信号もまた号令の一種であって如何なる事情があるも各艦は即時且つ絶対に指定の運動を遂行することを要する。独断専行は、受令後、状況の変化に遭遇した場合に於いて通信不能などの事情のために命令の変更もしくは適当なる指令を仰ぐことができないか、或《ある》いは、このために戦機を逸する恐れあるような緊急な場合に際して当該部将が大局から打算して主将本来の意図に合することを本旨とする」として、軍人の行動決定の基準を示している。

米軍は、十月二十日十時の「H」アワー（上陸予定時刻）から五日間で、大型輸送船三七隻と戦車揚陸船九〇隻が、歩兵要員八万九〇〇〇名と一一万四九九〇トン余りの物資の揚陸を完了し、二十四〜二十五日にはレイテ島サンペドロ湾内に、水陸両用部隊旗艦三隻、強襲用貨物船一隻、戦車揚陸船二三隻、中型揚陸船二隻、リバティー型輸送船二八隻が停泊していた。ダグラス・マッカーサー将軍は、座乗の「ナッシュヴィル」（CL－43）からタクロバンの指揮所に向かっており、射撃支援部隊の戦艦、巡洋艦、駆逐艦は、南方からの日本艦隊（西村部隊）を迎え撃つためにスリガオ海峡に展開していた。

十三時十三分、第一戦隊・宇垣司令官の『戦藻録』には、「再び動揺しレイテ湾内突入を止め、北方の敵機動部隊を求めて決戦せん」、「大体に闘志と機敏性に不充分の点ありと同一艦橋に在りて相当やきもきもした。保有燃料の考が先に立てば自然と足はサンベルナルジノ海峡に向かうこととなる。敵さえやっつければ駆逐艦には夜間に戦艦より補給するも可なる筈《はず》なり」とある。数時間前に、射程距離内の米護衛空母群（最高速度一九ノット）を取り逃がしたばかりであった。

前日、栗田艦隊は、聯合艦隊司令部からレイテ湾突入に向けて「全軍突撃せよ」の命を受けていた。

決戦戦場からはるかかなたの神奈川県日吉にある聯合艦隊司令部が、全軍突撃を下令したのは、全軍が打って一丸となって突撃することで戦機啓開の算なしとしない、という聯合艦隊司令長官の不動の決意を示して、各部隊の力戦敢闘を期待したからである。幕僚一同は、栗田中将の「レイテ突入をやめ、敵機動部隊を求めて決戦、爾後、サンベルナルジノ水道突破」との電報に、あぜんとするばかりであった。

第二航空艦隊の攻撃隊が敵を見ずに次々と引き返し、視界内にあった空母群（実際は低速の護衛空母）を取り逃がした現状では、新たな敵機動部隊を探し出すことなど不可能である。レイテ湾内には間違いなく敵がいた。それにもかかわらず、不確実な一片の情報で反転は決せられたのである。

「大和」を十一時四十五分に発進した「長門」機は、四五分後の十二時三十分に、「レイテ湾内に敵輸送船団三五隻あり」と打電し、その五分後には、「湾内に敵輸送船四隻あり」と報告した。「大和」は、その報告を十三時には受信していたのである。

しかし、十三時十分、第一遊撃部隊指揮官・栗田司令長官は、「レイテ突入をやめ、北上して敵機動部隊を求め決戦、爾後、サンベルナルジノ突破の予定」を決断した。来襲機七二機。

十三時三十六分、「大和」に座乗した栗田中将は、「第一遊撃部隊はレイテ泊地突入をやめ、サマール東岸を北上し敵機動部隊を求めて決戦、爾後、サンベルナルジノ水道を突破せんとする。地点ヤモニニケ針路零度」と、内地で捷一号作戦の成功を見守る軍令部総長、聯合艦隊司令部司令官、第一基地機動艦隊司令官、サンホセ、レガスビー、セブ各基地に打電した。

十四時三十分、「大和」は、北方の機動部隊本隊（小澤部隊）が十二時三十一分に発信した戦闘速報「〇八〇一迄《まで》敵機一〇〇機の来襲を受く、戦果撃墜十数機、被害『秋月』沈没、『多摩』落伍《らくご》」を受信。これは、米空母部隊が北方の小澤部隊に釣り上げられたことを意味した。

「大和」の捷一号作戦の通信戦訓には、「対空戦闘時に於いて第一受信室では全く受信不能、また電信員は連続する対空戦闘により休養の暇がなく、古参者は精神力をもっても疲労により通信力減退する状況にあった」とある。そして、「戦闘時に使用すべき電波を艦隊一般短波七九一〇キロサイクルに選定した」ことが、受信電報の伝達遅れが生じた理由かもしれない。この周波数の電波はマニラ気象放送の電波七九〇七・五キロサイクルの妨害を受けたために、三一通の通信がきわめて不良となった。しかも、栗田部隊にはなおも連続して米艦上機が襲来する。

十五時五十一分、敵機三〇機が来襲。「大和」は、対空射撃を開始し、艦首方向から急降下する敵機に対して面舵回避、さらに、右艦首から敵機二機が急降下してきたために面舵回避。

十六時、「大和」は、セブ基地指揮官から発信された以下の無電を受信。「敷島隊七時十五分マバラカット発、スルアン島の三〇度三〇分中型空母四隻を基幹とする四隊の敵を十時四十五分攻撃、戦果空母一隻二機命中撃滅、空母一隻一機命中火災停止、軽巡一隻一機命中轟沈《ごうちん》」。敷島隊が体当たり攻撃を実施したのは、およそ八時間前に第一遊撃部隊が取り逃がした空母群であった。

艦隊は一時反転し、第三戦隊を先頭に、第一、第五、第七戦隊、第二水雷戦隊の単縦陣に占位。主隊から落後した「野分」、「沖波」、「早霜」、「秋霜」は、いずれも所在、行動共に不明であった。その後、「鳥海」を警戒する「藤波」と「鈴谷」乗組員を収容し帰投中の「沖波」からは報告が入った。

十六時四分、右正横からの急降下機に対して取舵回避。左舷中部に至近弾四発。この三〇分後には敵機四〇機が来襲し、対空射撃を開始。

十七時五分、来襲機一〇機。その後、ようやく射撃を中止。

十七時二十七分、第一遊撃部隊は、サマール島東岸の北上を断念。

十八時三十分、艦隊は、二七〇度に一斉回頭、日没時に、サンベルナルジノ海峡東口にあるサンベルナルジノ島を見て二二〇度（南西）に変針して海峡を通過し、できるだけ西方に移動することになる。

二十一時三十五分、残存艦隊は、サンベルナルジノ島沖で二三〇度に変針し、海峡に入る。出撃時には三九隻だった遊撃部隊は、「金剛」、「榛名」、「大和」、「長門」、「羽黒」、「利根」、「能代」、「岸波」、「矢矧」、「磯風」、「浦風」、「雪風」、「浜風」、「島風」の一四隻となっていた。

二十二時二十六分、海峡を通過。この日の艦隊内通信は、旗旒《きりゅう》信号一七九、信号灯一一四、方向信号灯二九、哨信儀一〇でやり取りされた。


この日、日本艦隊のレイテ突入阻止に投入された米航空兵力は、第三八任務群空母機六七四機（戦闘機二六七機、爆撃機二二六機、雷撃機一八一機）と護衛空母群（第七七・四群）四四一機（戦闘機二〇九機、雷撃機二三二機）であった。

ルソン島北方の小澤部隊（空母群）に対しては、第三八任務群の五二七機（戦闘機二〇一機、爆撃機一七五機、雷撃機一五一機）が襲いかかっていた。残存西村部隊には、第七七四群の四一機（戦闘機一九機、雷撃機二二機）が来襲した。

小澤部隊は、旗艦空母「瑞鶴」、軽空母「千代田」（デュボース少将麾下の米巡洋艦二隻、軽巡洋艦二隻、駆逐艦九隻の砲撃）、「千歳」、「瑞鳳」、軽巡洋艦「多摩」（米潜水艦「ジャラオ」の雷撃）、駆逐艦「初月」（デュボース少将麾下の米巡洋艦の砲撃）が沈没。西村部隊の旗艦「山城」、「扶桑」、駆逐艦「満潮」、「朝雲」（米軽巡洋艦二隻、駆逐艦三隻の砲撃でディナガット島ツンゴ岬とパナオン島カニギン岬の中間）、「山雲」、志摩部隊「最上」（「曙」の魚雷で処分、パナオン島ピニト岬の南東約三八海里付近）も沈没した。

第一遊撃部隊は、敵機動部隊を北西方向に発見できなかった。「軍艦大和戦闘詳報第三号（大和機密第三五号の一四）」には、水上戦闘の戦果が、大型空母一隻撃沈（確実）、空母一隻撃破大火災（不確実）、大型空母または戦艦一隻撃破、大傾斜（不確実）、巡洋艦一隻撃沈（確実）、大型駆逐艦または巡洋艦一隻撃沈（確実）、駆逐艦一隻撃破（確実）とある。

本追撃戦における米護衛空母群への発射弾数は、「大和」が主砲弾一〇四発（出撃時保有数八一〇発）、副砲弾一二七発（出撃時保有数六〇〇発）、「長門」が主砲弾四五発（出撃時保有数七二〇発）、副砲弾九二発（出撃時保有数一四一〇発）、「金剛」が主砲弾二一一発（出撃時保有数八七九発）、副砲弾一七七発（出撃時保有数四二六発）、「榛名」が主砲弾九五発（出撃時保有数八五五発）、副砲弾二五五発（出撃時保有数八二〇発）、「羽黒」が主砲弾五八一発（出撃時保有数八〇〇発）、「利根」が主砲弾四二〇発（出撃時保有数六九〇発)、「矢矧」が主砲弾三三三四発(出撃時保有数七二〇発)、「浦風」が三四七発(出撃時保有数五六〇発)、「岸波」が三〇斉射(「鳥海」、「筑摩」、「熊野」、「鈴谷」欠)で、二七八八発以上だった。

米軍の被害は、記録によると以下の通りである。護衛空母「ガンビア・ベイ」(CVE-73)は、一五発以上を被弾して沈没。「ファンショウ・ベイ」(CVE-70)は、二〇センチ砲弾の直撃弾四発と至近弾二発の水中爆発で損傷、「カリニン・ベイ」(CVE-68)は、二〇センチ砲弾の直撃弾一五発(一発は飛行甲板を貫通して爆発)を受けたが、沈没は免れた。駆逐艦「ホーエル」(DD-533)が命中弾四〇発以上、「ジョンストン」(DD-557)が命中確実三発ほか九発、護衛駆逐艦「サミュエル・B・ロバーツ」(DE-413)が命中弾二〇発を受けて、三隻は沈没。駆逐艦「ヒールマン」(DD-532)、護衛駆逐艦「デニス」(DE-405)がそれぞれ命中弾二発で大破。護衛駆逐艦「リチャード・M・ローウェル」(DE-403)が小破。

日本海軍が記している戦果と米軍の実際の被害には大きな隔たりがあり、日本の徹甲弾二六〇〇発以上はむなしくサマール沖の海中に消えたのである。米軍戦闘記録は、日本海軍の射撃は不思議なほどに拙劣であったと報告している。

日本側の戦訓は、「砲戦距離近き時、徹甲弾では艦体を突き抜け反対舷にて炸裂す

ることがあった。特に空母は、徹甲弾が相当命中したが容易に沈没しなかった。目標
とする敵巡洋艦（実際は駆逐艦）または特空母などに対しては通常弾を寧《むし》ろ有効とす
る」としている。
海戦から一ヵ月後に作成された「比島沖海戦並びにその前後に於ける砲戦戦訓速報
・水上の部」は、「今次戦闘は、千載一遇と称すべき水上部隊を以て敵機動部隊を捕
捉し而《しか》も最初より空母群に対し先制有効なる砲戦を開始し得る幸運に恵まれ且つ圧倒
的優勢を得ながらこれを殲滅するまでに戦果を徹底し得ざる原因を探求するとき、目
下帝国海軍の水上砲戦術能力向上には正に電測射撃向上に帰すべきを痛感す。これが
要するに今次戦闘最大の教訓として緊急解決を要する」と、戦訓を結んでいる。
しかし、これ以降も、上空掩護のない日本艦隊は、敵航空機の連続攻撃に対して避
退する以外に策がなかった。にもかかわらず、「大和」は六カ月後、制空、制海権の
ない沖縄に向けて出撃することになるのである。
戦後に来日した米国戦略爆撃調査団は、対日空襲の爆撃効果を研究するのみならず、
開戦から終戦に至るまでの経緯、各諸作戦、戦時生産など広範囲にわたって、文官五
〇〇人、軍人八五〇人で、日本の要人七〇〇〇名以上に尋問を実施して、貴重な歴史的

文献一〇八巻を作成した。

その記録のなかに、レイテ湾突入をやめ反転北上したことへの栗田への尋問（昭和二十年十月十六、十七日）がある。

栗田：「この日に受けた攻撃状況や、われわれの対空砲火が敵の空中攻撃に対抗できないという結論から、もしこのままレイテ湾に突入しても、さらにひどい空中攻撃（注：空母機とレイテ陸上基地機）の餌食になって損害だけが大きくなり、せっかく突入してもその甲斐《かい》がないと信じ、そんなことなら北上して、米機動部隊に対して、小澤空母部隊と合同して協同作戦をやろうというところに落ち着きました」

尋問者：「すると、北方に変針したのは、もし湾内に突入すれば猛烈な空中攻撃を受けるという懸念があったためですね。それで間違いありませんね」

栗田：「問題は、湾内で如何に戦果をあげ得るかということでありました。私は、空母機と陸上機からの両方の猛攻のもとでは戦果は収め得ないと結論したのです」

尋問者：「あなたは、この反転・北上によって、その方面の米機動部隊の空母機から猛烈な攻撃を受けるようになるかもしれないとは思わなかったのですか」

栗田：「北方からどんな強敵が現れようと、成敗利鈍（成功と失敗、運と不運）を顧みず、一途《いちず》に北上進撃を決めた次第です」

尋問者：「では、レイテ湾内の空襲と北上中の空中攻撃の相違を承りたいものです。なぜ、あなたは北方を選んだのですか」

栗田：「レイテ湾内の狭い水域では艦隊が展開する余地がありません。それに比べて、外海では同じ攻撃を受けるにしても、進退の柔軟性をもった強力な戦闘部隊になることができると思います」

尋問者：「しかし、目前にある目標を選択するという点は考慮されなかったのですか」

栗田：「突入か反転かの問題が起こった時までには、米軍の上陸は確認されていました。私は、輸送船団攻撃のことは、上陸以前のように重大には考えませんでした」

当時、聯合艦隊司令長官であった豊田副武《そえむ》は、戦後に著した『最後の帝國海軍』のなかで、「作戦部隊の戦術的進退は、現地の最高指揮官に一任するのが常道である。しかし、第一遊撃部隊指揮官が、自隊だけを基礎とした状況では決し得ない問題である。否、決定せしめてはならない問題である」として、栗田を批判している。

栗田艦隊のレイテ湾殴り込みには、自ら囮部隊となった小澤治三郎中将の空母部隊、スリガオ海峡の南方から突入する旧戦艦二隻を中心とする西村祥治中将率いる戦艦部隊、台湾・馬公からの南西方面艦隊（三川軍一中将）指揮下にある志摩清英中将率いる部隊（第五艦隊）、栗田艦隊の突入を容易にするための福留繁中将指揮する第二航空艦隊（航空部隊）、敵空母の飛行甲板に体当たり攻撃を決断した大西瀧治郎中将の第一航空艦隊、潜水艦部隊の第六艦隊がかかわっていた。

第一級海軍記者として活躍した伊藤正徳の『連合艦隊の最後』では、著者の「レイテ湾の近くまで迫って引き返したのはどういうわけか」との問いに、寡黙の提督といわれた栗田は、「そのときそれが最善と信じたが、いま考えると僕が悪かったと思う。なにしろ命令なんだから。その命令を守らなかったのは軍人として悪かったと言うほかはない」と、率直に語っている。

「それなら、その最善と信じた判断を、今日から顧みてどう思うか」との問いに、栗田は、「その判断もいまから思えば健全ではなかったと思う。そのときはベストと信じたが、考えてみると、非常に疲れている頭で判断したから、疲れた判断となろう」と答えた。

しかし、後日、海軍兵学校七八期の大岡次郎に対しては、「戦争をやっていて疲れるなどということはない。三日や四日寝なくて判断を誤るようでは、長官は務まらない。おれは疲れてなどいなかった」と述懐している。栗田の胸中には、自らの体験に基づいて、「計画が予定通り実施できない場合のことを考えておけ。一度つまずいたら、あっさりやめて引き上げろ。こだわっていると、ますます深みに入って抜き差しならなくなる」という思いがあったという。

また、このレイテ湾を目前にした反転・北上問題には、これまで語られていなかった事実がある。副砲長、第一砲塔長、高射長などが、そんな馬鹿な話がありますかと、第二艦隊作戦参謀に食ってかかった。栗田司令長官にも聞こえたはずだが、彼は何もいわなかった。そして、「大和」が本土回航されることになった時、まだ乗艦中にもかかわらず、副砲長と第一砲塔長に転属命令が出された。要するに左遷である。海軍は、よくも悪くも官僚主義であった。

十月二十六日六時四十四分、第一遊撃部隊主隊は、夜のうちにシブヤン海、タブラス海峡を突破して日の出を迎えた。八時にはダグラス島西方を南下してパネェイ西北端（スル海北部クーヨー水道東）に差しかかったところで、敵機約三〇機が来襲する。「ワスプ」（CV－18）、「カウペンス」（CVL－25）、「ホーネット」（CV－22）の艦上機であった。

「ワスプ」は、パネェイ島沿岸北西方向沖、北緯一一度五五分、東経一二一度四五分の海域に戦艦三隻、重巡洋艦四隻、軽巡洋艦一隻、駆逐艦七～九隻の日本艦隊を認めて、戦闘機F6F‐5四機、爆撃機SB2C‐3一一機、雷撃機TBM一三機を発進させた。「カウペンス」からの五機は、左後方の高度三六五八メートル、太陽方向、風上から攻撃態勢に占位する。爆撃機と雷撃機は「大和」を目標にし、戦闘機は護衛の艦艇に矛先を向ける。

「ワスプ」の第一四爆撃中隊SB2C‐3三機は、太陽を背にして高度三三五〇メートルから角度六〇度の横転降下し、一〇〇〇ポンド半徹甲爆弾と二五〇ポンド通常爆弾各三発を投下。降下中に対空砲火はなく奇襲となった。

八時三十四分、「大和」は、対空射撃開始。一分後、右舷より急降下爆撃、取舵回避、針路一七〇度。

八時四十三分、艦攻グラマン四機が「大和」艦首右方向に進入して、右正横より急降下。「大和」は面舵回避、針路二五〇度。

八時四十五分、「大和」は、前甲板第一主砲塔付近に二発被弾。通常爆弾は一番砲塔の砲盾肩に命中したが、砲塔内にはまったく被害はなかった。徹甲爆弾一発が最上甲板を貫いて炸裂し、兵員室付近に大損害を与えた。中部両舷にも各一発の至近弾。

九時十七分、新手の艦上機約六〇機が来襲し、「能代」は被雷して沈没。

この日来襲した米軍機は、第三八任務群の空母を発進した二五七機（戦闘機一〇九機、爆撃機七二機、雷撃機七六機）であった。米海軍にとって謎であった「大和」は、十月二十四日の「イントレピッド」と二十五日の「ハンコック」、二十六日の「ワスプ」の目撃情報と撮影写真から、兵装配置の詳細が明らかとなる。

十時三十分、「大和」の電波探信儀が飛行機を探知。この敵編隊は、モロタイ島を発進したB-24リベレイター一二七機（一機は発進に失敗、戦死四名）であった。米重爆隊と戦闘態勢に入った日本艦隊との最初の対決である。

第三〇七爆撃グループ二七機は、第三七〇、第三七一、第三七二、第四二四中隊各七機による編隊で、九時三十五分にスル海に到達した時点で、一機が敵情報に関する傍受電をキャッチ、情報に基づいて嚮導《きょうどう》機が方位と距離を計算し、十時十六分にレーダーで日本艦隊を捕捉した。別の機もレーダーで、北緯一一度一五分、東経一二一度四五分に日本艦隊をとらえた。

十時四十一分、「大和」は、爆撃態勢に入ったリベレイターに対して、距離三万五〇〇〇メートルで主砲対空弾（三式焼霰弾一四発）の射撃を開始。

十時五十五分、二七機編隊のB-24が来襲し、「大和」は取舵回避した。

十時五十五分〜十時五十七分、一四機のB-24が「榛名」に対して、着発信管付き一〇〇〇ポンド爆弾三五発、五〇〇ポンド通常爆弾七発を高度三〇八〇〜二九〇〇メートルで投下。

十時五十七分〜十時五十九分、残る一三機が「大和」に対して、着発信管付き一〇〇〇ポンド爆弾三一発、五〇〇ポンド通常爆弾五発を投下。

「大和」の前部右舷に二発、左舷に三発の至近弾。その弾片が主砲指揮所に反跳し、破片が小柳参謀長の右太ももに突き刺さった。「大和」は、射撃中止後、前部主砲を右、左三〇度方向に固定。

十五時三十分、「大和」は、最後となる三号機（機長・土屋義男飛行兵曹長、偵察員・楠本潤二飛行兵曹）を射出。

「大和」の消耗弾数は、主砲対空弾（九四式四〇センチ砲三式焼霰弾）一四発、水上弾（九四式四〇センチ一式徹甲弾）四発、副砲対空弾（一五・五センチ零式通常弾）八四発、高角砲対空弾（一二・七センチ高角砲通常弾薬包）六五〇発、着色弾薬包二〇一発、機銃対空弾（九六式二五ミリ通常弾薬包）一万二七五二発、曳跟《えいこん》弾通常弾薬包三一四五発。

B-24は、対空砲火で三機が撃墜されて戦死一二名、一四機が被弾した。

十九時七分、艦隊は、「矢矧」を先頭に「羽黒」、「磯風」、「大和」、「長門」、「利根」、

「雪風」、「金剛」、「榛名」の順にスル海クーヨ島南方を通過し、新南群島北方に向かう。

その後、艦隊は警戒航行序列をとり、「矢矧」を先頭に、右後方に「大和」、「長門」、その右舷外側に「磯風」、「羽黒」、「矢矧」の左後方には「金剛」、「榛名」、その左外側に「雪風」、「利根」が占位し、対潜対空配備のまま之字運動を始める。

二十一時三十分、「大和」で戦死者二九名を水葬。飛行甲板に並べられた遺体は、白毛布で覆って一段低い艦尾甲板に移される。左舷側から長船少佐の唱える読経の声がし、葬送ラッパ「命を捨てて」が鳴り渡った。遺体を左舷デリックが金属音をきしませて引き寄せ、「降ろせ」、「放て」の号令で海面に落とされた。栗田中将以下、第二艦隊司令部、乗組員が挙手の礼で別れを告げる。この日の艦隊内通信は、旗旒信号一一、信号灯九三、方向信号灯二七で取り交わされた。

二十七日三時、艦隊は、新南群島北端を敵潜、敵機の追躡《ついじょう》を警戒しながら航行、北緯一二度四三分、東経一一七度二八分において二六〇度に変針。

七時十分、対空対椿第二配備。

十四時五十一分、「長門」と「榛名」は、随伴する駆逐艦二隻に対して、曳航補給を一時間かけて実施。

二十八日十八時四十一分、「朝霜」が、水路嚮導のために到着。艦隊は、「矢矧」を先頭に「大和」、「長門」、二キロ後方に「金剛」、「榛名」、右翼に「羽黒」、「雪風」、左翼に「磯風」、「羽黒」が占位し、二十一時五分、スコールのなかをブルネイ湾に入って陣形を解く。

「大和」は、二十一時七分、両舷前進原速、二十一時十七分、両舷前進微速、二十一時二十分、両舷停止、次いで、両舷後進微速、そして両舷停止、湾内第三錨地パパン島灯台の一五〇度一〇海里に帰着、二十一時二十二分、漂泊。その後、油槽船三隻から急速補給、揚錨機使用不能のため、「雄鳳丸」の錨にかかる。「大和」が本作戦中に消費した燃料は五八〇六トンだった。

二十九日二時三十分、「大和」と「矢矧」は、「雄鳳丸」に横付けして補給を開始、八時にいったん打ち切って十六時に再開、二二〇〇トンを補給し満タン（損傷タンクを除く）となった。

「八紘丸」には「長門」、「利根」、「万栄丸」には「金剛」、「羽黒」、「御室山丸」には十七駆逐隊（「浜風」欠）、「島風」が横付けして補給を開始、七時に補給を打ち切って、給油船は分散、避泊した。

三十日、艦隊は、予定ではレイテ島増援輸送の間接掩護に任じられて五時三十分に出撃するはずだったが、同船団のマニラ出港が一日延期されたために出撃延期となり、艦内整理および応急修理となる。

三十一日、「大和」は、引き続き損傷個所の応急修理を続行。聯合艦隊司令部から、第一遊撃隊は当地にあってにらみを利かせるようにとの電報が入電。『戦藻録』には、「但《ただ》し現有燃料を消費すると補塡の途《みち》無き心細き」とある。

今回の戦いは、直衛戦闘機のない艦隊の突進は無謀である、水上艦艇の対空兵装をいかに強化しても、雷爆撃をいかにうまく回避しても、空中攻撃に抗することはできない、という戦訓を残した。レイテ湾海戦における第一戦隊の損害は、戦死一〇二九名、重傷一六三名に及んだ。

米空母機は二十四日から二十六日までの三日間で、第三八任務群機が爆弾九七二発、航空魚雷二〇五発、ロケット弾三六八発、第七七・四任務群機が爆弾五五二発、航空魚雷八九発、ロケット弾二八九発、爆雷一七発を投下した。レイテ湾突入作戦を実施する三群に分かれた日本艦隊に対して直接攻撃した空母機の延べ数は一六八六機、そのほか、索敵三七二機、戦闘機の掃討三七機、敵機に対する迎撃一六一機、直掩七〇六機、対潜哨戒二八九機、レイテ上陸作戦支援五〇二機、任務失敗九四機。南方部隊（西村部隊）に対して九六機、中央部隊（栗田部隊）に対して一〇六三機、北方部隊

（小澤部隊）に対して五二七機が攻撃を実施した。

米軍の損害は、喪失一八〇機、飛行中の損失一八一機、地上損失四四機。パイロット戦死一〇名、行方不明六一名、負傷一二名、救出九二名、搭乗員戦死七名、行方不明六三名、負傷五名、救出六八名であった。


「レイテ湾の戦闘」（米軍呼称）では、フィリピン中部のシブヤン海海戦、スリガオ海峡海戦、エンガノ沖海戦およびサマール島沖海戦と複数の海戦が生起したが、対水上艦艇における空母搭載の航空戦力の威力を余すところなく実証することとなった。

そして、日本側が捷一号作戦に伴う「比島沖海戦」と呼称した史上最大の海戦は、燃料の供給が逼迫《ひっぱく》するという薄氷を踏むような状況のなかで実施され、空中掩護のない水上艦艇は飛行機に太刀打ちできないことを改めて証明した。

昭和十九年十月のレイテ湾海戦後の日本の保有海軍兵力の対米比率は一八パーセントとなった。


十一月三日、開戦以来三度目の明治節（明治天皇の誕生日）を迎えて、「大和」艦上で遥拝式を挙行。

六日、「大和」は、「隼鷹」から九四式四〇センチ対空弾（三式焼霰弾）などを受領。

七日、第一遊撃部隊に信号で、明日早朝に出港して昼間の空襲を避退し、夕刻に再度入港する予定が伝えられる。「第一遊撃部隊主隊、警戒隊は明日Yを〇三時〇〇分、出撃順第十戦隊、第五戦隊、第三戦隊、第一戦隊により湾外出撃後、警戒航行序列第六十一、針路三五一度、機宜行動す」

八日三時五分、第一戦隊「大和」、「長門」、第三戦隊「金剛」、「榛名」、第五戦隊「羽黒」、「足柄」、第十戦隊「矢矧」、「浦風」、「浜風」、「磯風」、「雪風」は、第三次、第四次オルモック輸送作戦（多号作戦）の間接支援のために、ブルネイ泊地西湾口より出撃。針路三一五度、速力二二ノットで、陽動けん制作戦を展開するパラワン島西方海面に向かった。

部隊は十七時より漂泊したまま、「浜風」は「大和」、「磯風」は「長門」、「矢矧」と「雪風」は「金剛」、「足柄」は「榛名」に横付けして急速補給を実施。「足柄」は、燃料補給に時間がかかるのでブルネイ湾に帰投することになる。

補給を終えて前進微速で航進中の「浜風」は、左舷正横より強風を受けて「大和」の主錨に後部マストを接触させ、支柱破損、四番機銃甲板が変形して機銃旋回不能、一号電波探信儀三型の空中線が断線するという事故を起こす。

二十一時、第一遊撃部隊は、北緯七度四〇分、東経一一四度五七分を警戒航行序列六一隊形で占位し、之字運動Ａ法で航行。ブルネイの北東約一六〇海里（金代礁北方）で漂泊する予定だったが、聯合艦隊から「オルモック輸送第四次輸送隊の泊地入泊に策応するため、スル海またはミンダナオ海方面に進出し、輸送船団の間接護衛に任ずべし」との入電があったため、予定を変更してブルネイ西方海域で漂泊。

九日十二時、第一遊撃部隊は、バラバック水道に向けて避雷航行を実施。幸運にも、敵潜水艦に遭遇することはなかった。スコール雲の陰に一機のＢ－24を発見し、「大和」が反転して一斉射。Ｂ－24は、モロタイ島に日本艦隊発見を打電して東に去った。

第一遊撃部隊は反転し、十六時三十分にバラバック水道狭部に入り、針路一一〇度を七〇度に変針してスル海に進出し、モロタイ島陸上基地機のけん制に任じた。聯合艦隊から、十一日から十三日まで支援続行の要望があったが、残燃料が少なく（ブルネイ着時に二〇ノットで一昼夜分）、これ以上の行動は無理として帰投することになった。

十日九時四十五分、艦隊はスコールのなか、バラバック水道を通過、「大和」の浸水は、三〇〇トン増加した。

十一日九時、第一遊撃部隊は、ボルネオ島ブルネイ湾口に入り、十時に錨地到達。「大和」は漂泊のまま、「八紘丸」（持量四〇〇〇トン）より燃料七〇〇トンを補給。

宇垣司令官は『戦藻録』に、「今度の行動で浸水三〇〇瓲《トン》増加、内地に帰っても行動用燃料が枯渇し工廠修理も戦艦の如きは最後に回される状態にて帰る詮《せん》無きこと、結局リンガ泊地にてウロウロして敵の爆撃を食らう外策なしか。八方塞《ふさ》がりというなり」と記している。

十五日、艦隊編成が変更される。機動艦隊第三艦隊は廃止、第一、第二、第七、第十戦隊は解隊、「大和」は二艦隊の独立旗艦、「長門」は第三戦隊に、第十七駆逐隊は第二艦隊第二水雷戦隊（司令官・木村昌福少将）に編入された。

「大和」は、「御室山丸」に横付けして燃料二八〇〇トンを補給。聯合艦隊司令部から、「第一遊撃部隊（『大和』、『長門』、『金剛』、『矢矧』、第十七駆逐隊四隻〔損傷艦を含む〕）は、燃料満載のうえ内地に回航、それぞれ所属軍港において急速整備を実施すべし」の命を受ける。

十六日十一時六分、空襲警報が発令され、B-24とP-38が来襲。

「大和」は、主砲対空弾を距離二万メートルで一〇斉射した。二機のB-24が白煙を吐くのが観測された（うち一機は墜落を確認）。艦隊と陸上基地との連絡役を務めるために「大和」らとは離れて投錨していた「羽黒」は、右舷に至近弾を受けた。

十二時、「大和」は、錨地に投錨。

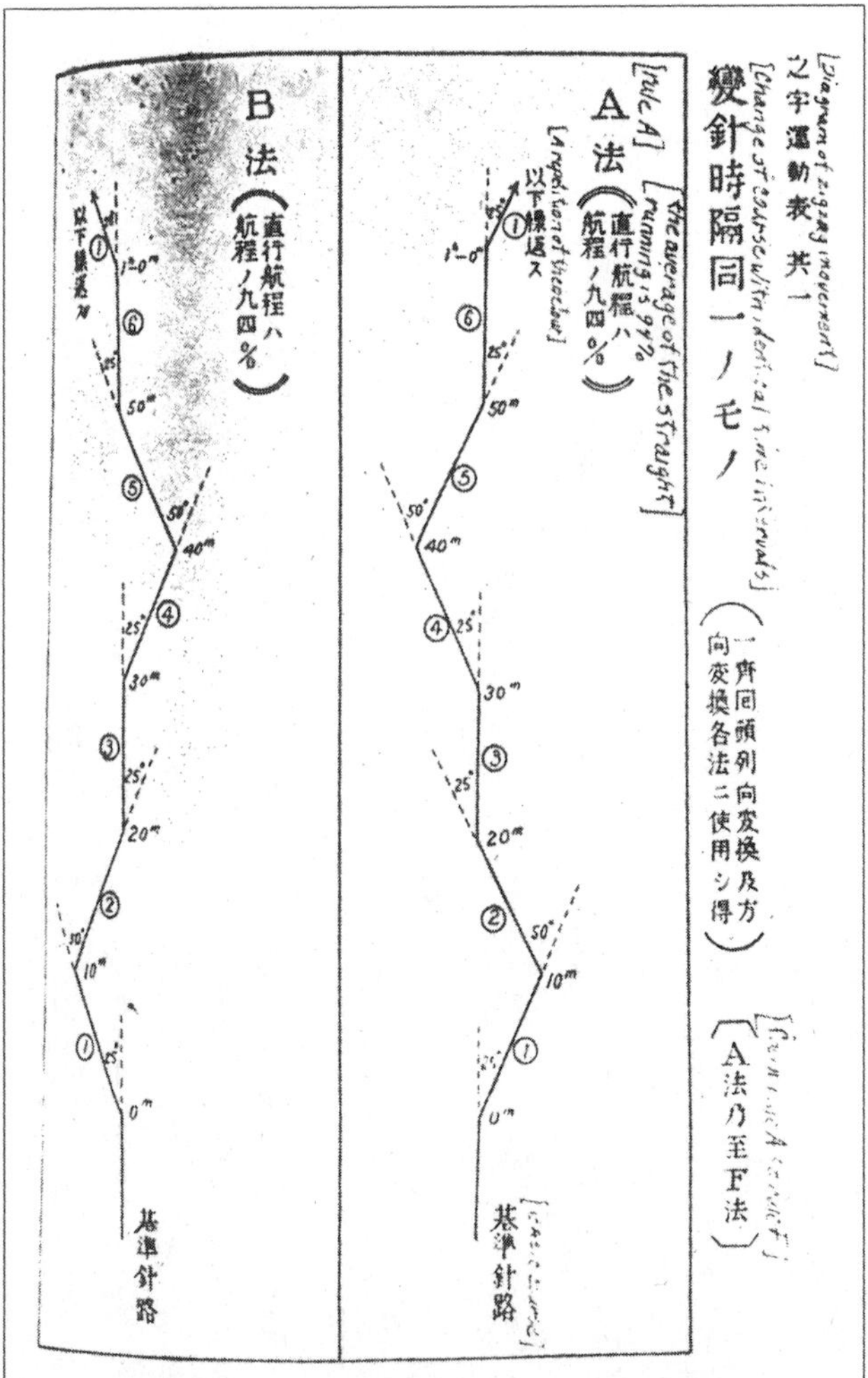

戦時中に米軍に鹵獲され、戦後に返還された、艦隊の之字運動表

十八時三十分、二水戦「矢矧」、第十七駆逐隊「浦風」、「磯風」、「浜風」、「雪風」、三戦隊「長門」、一戦隊「大和」の順に、内地に向けてブルネイ湾を出港。「桐」と「梅」は、途中分離して台湾・馬公に向かった。残った「榛名」、「羽黒」、「大淀」、第五艦隊の「足柄」は、南西方面部隊の作戦指揮下に入って昭南（シンガポール）、リンガ方面に向かうことになっていた。「高雄」と「妙高」は、修理のためにシンガポールにあった。

第七章　沖縄突入作戦と「大和」の最期

最後の改装

昭和十九年（一九四四）十一月十五日、海軍戦時編制が改編された。

第一機動艦隊、第三艦隊は廃止。第一、第二、第三、第四、第十、第十六、第二十一戦隊、第三航空戦隊は解隊。第一航空戦隊は聯合艦隊付属に、第四航空戦隊は第二艦隊に編入された。

二十日、「大和」、澎湖《ほうこ》水道を通過。

二十一日二時五十六分、「シーライオン」（SS－215）は、台湾基隆西北方六〇海里（米軍記録北緯二六度九分、東経一二一度二三分）で、深度二・四メートルに調整した魚雷六本を射程二七四三メートルで戦艦目掛けて発射。すぐに転舵し、三分後に後部発射管から駆逐艦目掛けて射程一六四六メートルで雷撃。三時に三本、三時六分に一本の命中音。「金剛」は魚雷四本を被雷。

三時四分、「浦風」が、魚雷二本を被雷轟沈《ごうちん》（生存者なし）。

四時、「金剛」が、大爆発を起こして沈没。「浜風」、「磯風」が二三七名を救助し、「矢矧」、「雪風」は、「大和」と「長門」を護衛して内地へ向かった。

二十三日十六時五十分、「大和」は、内海西部に帰投。

二十四日、「大和」は、呉軍港に帰投し、呉工廠第四号船渠《せんきょ》に入渠。捷《しょう》一号作戦における損傷個所の修理と対空火器の増備を実施した。

「大和」の最終的な機銃の数は記録が残っていないが、最後の増備で二五ミリ機銃は一五六挺になった可能性が高い。信頼できる史料は、呉工廠砲熕《ほうこう》部に勤務していた大谷豊吉氏の記録と米軍が撮影した写真である。

大谷氏の手記『旧軍艦大和・砲熕兵装』（昭和三十年二月）には、「昭和十七年四月以降、呉海軍工廠砲熕部で戦艦の砲熕設計に従事していたため、損傷して寄港した時、また出撃前の防空兵器増強など特に注意深く研究していたが、図面や記録を焼却した後はなかなか思い起こすことができない」とあるが、「大和」の機銃搭載数は、九六式二五ミリ三連装機銃四六基一三八挺と単装機銃四挺と記されている。戦後の水中調査で、二連装機銃が映像に記録された。

また、米軍が撮影した写真によって、中部両舷側に各三基、艦橋基部前部両舷に各一基の三連装機銃（爆風よけ盾付き）が増備されたことが明らかになっている。

射撃指揮装置三連装三基一群の装備位置は記録が残っていないが、群指揮官が弾着の識別が可能で機銃群を見下ろして指揮ができる、九四式高射器（一番、二番）と九五式機銃射撃装置（五番、六番）の間、艦橋背面の兵員待機所上部に張り出し台座が新設された可能性が考えられる。機銃番号は不明。また、既存の三番と四番の九五式射撃装置の力量が、三連装二基一群から三連装三基一群ないし四基一群に改造された可能性もある。吉田満著『戦艦大和の最期』には、「砲塔三基乃至《ないし》四基を総括して上方に指揮塔を設け」とある。

このほかに、射撃指揮装置なしの角度式照準器付き特設三連装機銃が、第二、第三主砲塔天蓋《てんがい》に各二基、艦尾部両舷に各二基、増備されている。甲板上の増設機銃座前面には、弾片よけの盾が装備された。

レイテ戦において「武蔵」に攻撃が集中したことを考慮しても、全対空戦闘を通じて高角砲一門八〇発、機銃一挺約一〇〇〇発を準備したが多過ぎるとされ、一回の対空砲火での最大使用弾数薬数は、高角砲一門四〇発、機銃一挺一五〇発が適量と判定された。戦訓から対空三式焼霰弾の定数が増加され、主砲一門六〇発、副砲一門八〇発となった。噴進砲は有効と認められて戦艦に六群程度を装備する案が出されたが、「大和」には増備されていない。

無線空中線展張に関しては、徹底的な改善が実施された。被弾と自艦対空砲火（高角砲、機銃弾）によって、受信空中線が一四四本中三五本、送信空中線が九一本中一四本、電話空中線が二五本中一一本、切断、落下して受信力が著しく減退した。そこで、戦闘中に通信に支障を来さないように、予備空中線アンテナを、艦橋から煙突周りと後部艦橋に至る船体の表面にはわせるように張り巡らし、卵型がいしを装備した。艦尾の空中線支柱は撤去された。

人事異動

損傷修理中に、「大和」では人事異動があった。第二艦隊参謀長・小柳冨次少将が転任し、「大和」艦長・森下信衛少将が二艦隊参謀長に、「大和」主計長・石田恒夫主計少佐は、森下参謀長から副官を命じられた（十二月十日ごろに、森下少将が艦長室から参謀長室に、石田少佐が主計長室から副官室に移った）。

十一月二十五日、雨交じりの曇天のなか、水雷学校の教官を務めた有賀幸作大佐が

「大和」艦長に着任。有賀艦長の第一声は、「私は、本艦の艦長の辞令を受けると、東京二重橋前にぬかずいて皇居を拝し、重大な職務に一切を捨ててご奉公する決意をお誓いしてきた」であった。連日の戦闘訓練に励むとき、有賀艦長は常に先頭に立った。

二十九日三時十六分、空母に改装された「大和」型三番艦「信濃」（第一一〇号艦）が、呉への回航途上で魚雷四本を被雷し、七時間半後、熊野灘・潮岬《しおの》沖一一一度五五海里で沈没。

米潜水艦「アーチャーフィッシュ」（SS-311）は、北緯三三度、東経一三七度の地点で、自速三・五ノット、潜航深度一九・八メートル、前部トリム一度上げの状態から、潜望鏡照準でMk1三A型魚雷六本を発射。雷速四六ノットの魚雷は、照準距離一二八〇メートルから「信濃」に向けて、一本目から五本目までは八秒間隔、六本目は二五秒の間隔で一直線に向かっていく。そのうちの四本が、「信濃」の右舷後部一八八番～二〇一番梁の冷却機室付近、一二〇番梁と一〇四番梁の第三缶室付近に次々に命中した。注排水用の油圧管が損傷を受け、圧搾空気が損傷部より流出して圧力が低下する。北西から吹きつける強風が、右舷の被雷破孔に大量の海水を送り込む。さらに、操縦弁の誤操作から両舷共用の油圧槽の圧力が低下し、左舷への注水が不可能になってしまう。

十時五十七分、「信濃」は、右舷に大傾斜して横転、艦底をさらしながら艦尾から沈み始め、やが巨大な渦巻きを残して熊野灘の海中に没した。竣工から一八日目、処女航海で横須賀軍港を出港してから一七時間の命であった。「信濃」の沈没は嶋田繁太郎海軍大臣から天皇に奏上され、天皇は一言、「惜しいことをした」とおっしゃったという。

十二月二十三日、第二艦隊司令長官・栗田健男中将は海軍兵学校に転任して、後任に軍令部次長・伊藤整一中将が着任した。幕僚の転出はあっても補充はなく、幕僚室は欠員だらけとなった。

第二艦隊は、参謀長・森下信衛少将、軍医長・寺門正文軍医大佐、首席参謀山本祐二大佐、砲術参謀・宮本鷹雄中佐、水雷参謀・末次信義中佐、機関参謀・松岡茂機中佐、通信参謀・小澤信彦少佐、副官・石田恒夫主計少佐という顔触れであった。

研究会には、「大和」艦長・有賀幸作大佐、「矢矧」艦長・原為一大佐、第十七駆逐隊司令・新谷喜一郎大佐、第二十一駆逐隊司令・小滝久雄大佐、第四十一駆逐隊司令・吉田正義大佐が集合した。

第二艦隊の麾下《きか》には第一航空戦隊があり、空母「天城」、「葛城」、「隼鷹」、「信濃」（すでに沈没）が編入されていた。しかし、飛行機も搭乗員もない空母群であった。

昭和二十年（一九四五）元旦、「大和」は、第二艦隊第一戦隊に編入された。

B－24が投下した至近弾の弾片と爆風による破孔一一五個、一番探照灯と射鏡前面ガラス、遮光装置が修理され、艦尾にあった支柱が撤去され、煙突付近に応急用通信ケーブルが装着された。

二月二十七日十時三十分、第二艦隊「大和」、二水戦「矢矧」は、呉を発し柱島回航を命じられた。「大和」の搭載機が定数零となる。

昭和二十年二月の沖縄戦前の日本の保有海軍兵力の対米比率は、一三・八パーセント。

三月十七日、聯合艦隊電令作第五六四号A号「海上部隊の作戦－YBは警戒を厳にして、本作戦を天一号作戦とす」（使用暗号「呂二Aケ五（B）」）。

十八日、第五八・三任務群の写真偵察機と空母「エンタープライズ」（CV－6）の夜間偵察機が、瀬戸内海に所在する日本艦隊を確認。第五八任務部隊指揮官は、呉軍港の港湾施設と補助目標として神戸への攻撃を決断する。

十九日、呉軍港に米軍機約三〇〇機が来襲。九時十五分、「大和」は、岩国市東南方面広島湾海面で交戦。「浜風」、「冬月」、「涼月」、「霞」、「響」、「花月」、「杉」、「樫」、

「桐」が、「大和」に随行。「矢矧」、「磯風」、「雪風」、「初霜」、「竹」、「楓」は、呉軍港待機。

空母「ベニントン」を発進した第八二航空群指揮官機率いる戦闘隊F6F-5一五機、雷撃隊TBM-3一二機、爆撃隊SB2C-4&4E一一機は、呉方面に飛行する途中で左前方のかなたに戦艦と駆逐艦九隻を視認し、その攻撃を攻撃目標調整指揮官に要望する。調整指揮官は、第八二爆撃中隊SB2C-4&4E一一機に対して、広島県呉軍港から約九キロ西に所在する艦艇への攻撃を指示した。

米軍機が発見したのは、「大和」と、直衛の「冬月」、「涼月」、「浜風」、「霞」、「響」、三月十五日に第二艦隊に編入されて広島湾で合同を命じられた「花月」、「杉」、「樫」、「桐」、そしてタンカー一隻であった。

SB2C-4&4Eの編隊は、四国の土佐湾側から四国山脈を越え、高縄山を左に旋回して攻撃態勢に入った。視界は良好。高度三〇五〇メートルから北から南に六五~七〇度の急降下、攻撃は三~四秒間隔で実施された。高度一九八〇~六一〇メートルから七機が二発、四機が三発の爆弾を一斉投下。しかし、「大和」に命中弾はない。

戦闘機隊は、駆逐艦二隻と大型タンカーを攻撃。タンカーには爆弾八発が投下され、全弾が至近弾となって船体を包む。二隻の駆逐艦には、一発の直撃弾と数発の至近弾。

昭和20年3月19日、山口県岩国沖で「大和」を爆撃した際の、米軍機の接敵進路を示す。米軍機は、四国中央部を横切り、豊後水道に沿って避退した

米軍機は平郡島方向に避退したが、攻撃中に六機が被弾し、うち一機は海上に不時着し機体は失われた。この空襲全体では、米軍機一三機が撃墜されている。

本戦闘に関する研究会が、「大和」で開催された。結論は、防空駆逐艦「涼月」、「冬月」（六五口径九八式一〇センチ高角砲八門装備）を除く、駆逐艦の対空兵装は貧弱で、輪形陣での対空戦闘には大きな期待はかけられない、「大和」の防空砲火も戦果は不十分、輪形陣の半径はおおむね一キロ半〜二キロが適当である、であった。海軍艦艇被害記録には、「大和」に関して「至近弾を受け方位盤の防震装置が不具合になったので測距儀と共に陸揚げ修理を要する」とある。

二十五日十三時二十三分、「天一号作戦」警戒が発令。

二十六日十時五十二分、聯合艦隊電令作第五八一号が発令。「第一遊撃部隊可動全力は出撃準備を速やかに完成内海西部に待機」。

十一時二分、「天一号作戦」が発動され、「大和」は呉軍港に到着。

二十七日、急速出撃準備のために燃料補給。「大和」三〇〇〇トン、「矢矧」一〇〇〇トン、駆逐艦、燃料満載。米軍は、沖縄本島西方の慶良間列島の渡嘉敷島に上陸。

夜間、B-29（九四機）が下関海峡に機雷を投下。

二十八日、第一遊撃部隊は、残工事、未了工事を打ち切って急速出撃準備に入る。

九時五分、偵察任務のB-29一機が飛来し、呉軍港一帯（「大和」、「日向」、「龍鳳」、「榛名」、「葛城」などが所在）を撮影。

九時三十分、「大和」において、第一遊撃部隊の作戦打ち合わせ。「第一遊撃部隊（『大和』、二水戦、三十一駆逐隊『花月』、『槙』、『榧《かや》』）は、二十八日十七時三十分、広島湾に回航。出撃順は『大和』、三十一駆逐隊、二水戦。『大和』以外は早瀬を通過する。広島湾錨地、『大和』は兜《かぶと》島（山頂）の一五〇度三キロ、二水戦、三十一戦隊は各々《おのおの》一キロ、二キロ方位〇度」

十七時三十五分、第一遊撃部隊は、呉在泊艦船乗員が舷側に整列し帽を振って見送るなか出撃。

第一遊撃部隊指揮官、第二艦隊司令長官・伊藤整一中将、第一戦隊「大和」、第二水雷戦隊司令官・古村啓蔵少将、旗艦「矢矧」、第七駆逐隊「霞」、「響」、第十七駆逐隊「磯風」、「浜風」、「雪風」、第二十一駆逐隊「朝霜」、「初霜」、第四十一駆逐隊「冬月」、「涼月」、第三十一戦隊「花月」、第四十三駆逐隊「槙」、「榧」。敵艦上機群が、大島および南九州に来襲。

十九時三十五分、聯合艦隊電令作第五九〇号「敵情に鑑《かんが》み第一遊撃部隊主力の佐世保回航延期、敵機動部隊牽制誘出の用なきに至る」。

二十時三十分、「大和」は、兜島南方に仮泊。

二十九日三時五十五分、第一遊撃部隊は、広島湾を出撃。黎明《れいめい》時の空襲は必至と判断し、対空警戒を厳にして航行。

五時五十六分、伊予灘において、F6Fとおぼしき小型機の八機編隊を二〇〇度方向に発見して砲撃。二機を撃墜するも、松山基地三四三空の「紫電改」と判明する。

九時三十分～十二時四十五分、第一遊撃部隊は、雷爆撃回避運動、陣形運動を実施。

十時十六分、「大和」、信号で麾下部隊に、「本日、敵機動部隊九州および豊後水道方面来襲に鑑み、予定の豊後水道出撃を見合わせ、周防灘において待機」を伝達。

十七時三十二分、「響」が、大分県姫島灯台付近で磁気機雷に触雷し、「初霜」に曳航されて呉に向かう。

艦隊は、避雷航行に移行。宇部沖回航の予定を変更し、十八時十五分、山口県三田尻沖に警泊。

三十日六時以降、「大和」は三田尻沖において、二四ノットで即時待機。夜間、B-29（八七機）下関海峡に機雷を投下し、米軍は、海峡の東口の閉鎖に成功と判断した。

三十一日十時三十分、第一遊撃部隊は出港（対空警戒）するも、十一時三十五分、三田尻沖に復泊し、戦闘諸訓練を実施。「敵輸送船団約一五〇隻、那覇の一五〇七〇海里を北進中」との情報が入る。米軍は、那覇西方の神山島と前島に上陸。

四月一日、第一遊撃部隊は、三田尻沖で対空警戒待機。米軍は、南部海岸に陽動作戦をとりながら四個師団を並列して、沖縄本島中部西岸に上陸を開始し、北・中飛行場を占領。この日（六機）と翌日（九機）の夜間、B－29が呉軍港付近と広島地区に機雷を投下。

三日、引き続き、三田尻沖で対空警戒待機。第十方面軍参謀長と聯合艦隊参謀長は、沖縄の第三十二軍に攻勢をかけることを電報で要望。米軍は、四月一日に更新された呂KE七暗号の解読に成功。夜間、B－29（九機）が広島地区に機雷を投下し、広島港南口の完全な封鎖を試みる。

四日、三田尻沖で艦内哨戒待機。九時十八分、聯合艦隊電令作第六〇一号（使用暗号呂一Aケ）によって航空総攻撃「菊水一号作戦」の実施が決定。同時に聯合艦隊は、「大和」以下、残存主要艦艇による敵上陸海岸突入を決断した。

突如の出撃命令

聯合艦隊司令部は、「大和」および第二水雷戦隊「矢矧」以下、駆逐艦六隻に、海上特攻隊として四月六日に豊後水道を出撃、八日に沖縄島西方に進出して敵を掃討するよう命じた。海上特攻は、単独の作戦ではなく、海軍の航空特攻、沖縄地上軍の総反撃との三位一体の大作戦であった。

「大和」の出撃は、聯合艦隊司令部首席参謀・神重徳大佐の強力な進言によって決定した。聯合艦隊参謀副長・高田利種少将は、戦後、次のように回想している。

「作戦命令が出た時、神参謀が、『命令が出ました。参謀副長、人事局に掛け合って私を第二艦隊参謀にしてください』と言ってきた。僕が『断る。参謀副長の職権外だ』と言うと、『高田個人として一つ斡旋してください』、『やらん。命令を発令する立場にあるなら、淡々と発令すればいいじゃないか。命令を受ける立場なら、淡々と受ければいいじゃないか。難しい命令を自分が起案したから自分が行ってやらなくては、今の第二艦隊ではやれないというのか。そんな第二艦隊ではない。君が行かなくてもやるよ』と言った。僕が言ったから、神君が思いとどまったわけではない。司令長官、参謀長にも断られて、手がなくなったのだろう」

聯合艦隊司令長官・豊田副武《そえむ》大将は、「大和」を沖縄に突入させることを決断すると、第二艦隊との連絡役として参謀長自身が「大和」に行くよう下令した。

五日、「大和」は、三田尻沖で艦内哨戒待機。艦長・有賀幸作大佐は、一番主砲塔

右舷付近に立っていた副長・能村次郎大佐に一枚の紙片を手渡しながら、「副長、明日、沖縄に出かけることになった。科長（中佐級七、八名）を集めてくれ」と告げて、何事もなかったかのように歩み去った。科長とは、航海長、砲術長、通信長、運用長、飛行長、機関長、工作長、軍医長、主計長らをいう。紙片は、十三時五十九分に発令された、聯合艦隊電令作第六〇三号「第一遊撃部隊『大和』、『第二水雷戦隊（「矢矧」および駆逐艦六隻）』海上特攻隊兵力として八日黎明沖縄突入を目途とし急速準備を完成」だった。この出撃電報は、米軍に解読されることになる。

日没前、「総員集合」が令せられ、有賀艦長は天一号作戦の大要を話すと、「乗員各員捨て身必殺の攻撃精神を発揮し、日本海軍最後の艦隊として全国民の輿望《よぼう》に応えるときである」と結んだ。続いて、副長・能村大佐が、「いよいよ、そのときが来たのである。日ごろの鍛錬を十二分に発揮し、戦勢を挽回する真の神風大和になりたいと思う。燃料は片道分、再び生きて帰ることは不可能、みんな潔く散ってこい」と訓示。艦内は、「出撃沖縄！」と叫んで沸き返った。

副長が、艦内閉鎖、出撃までの訓練の方針などを指示して総員集合は終わる。次いで「酒保開け」の放送があり、士官室、各分隊居住区において最後の別れの酒で乾杯。

能村副長は艦長室に呼ばれて、「少尉候補生は今夜退艦させることにした」と有賀艦長から告げられた。本来、乗組員の人事は海軍省の指令によるもので、出先には権限がない。そこで、有賀艦長は、同期の森下参謀長と相談し、まだ乗艦三日の少尉候補生を退艦させることについて伊藤整一司令長官の同意を得た。その結果、出撃直前に、実務研修中の各科少尉候補生、および病弱者、補充兵計七三名が退艦することになったのである。

楠木正成が、わが子正行に「われ亡きあと、わが遺志を継いで忠勤に励め」と別れた桜井の庭訓の故事に倣った、特攻出撃のなかで特筆すべき処置であった。

二十一時二十六分、「大和」から信号。「第一遊撃部隊明日六日六時徳山沖回航の予定」。

「朝霜」、「初霜」、「槙」、「榧」は、他艦に重油移載後、徳山燃料格納所で満載にして海上特攻隊に合同することになった。「大和」は、燃料搭載のために山口県徳山湾粭《すくも》島《じま》東方沖に回航。

「大和」の航続距離は、燃料満載（六三〇〇トン）、速力二七・六八ノット（過負荷全力）で二六四二海里。瀬戸内海西部から沖縄までは約四八〇海里である。四〇〇〇トンを搭載した「大和」は、十分に沖縄との往復が可能であった。

海上特攻隊、徳山沖を出撃

米軍は、第一遊撃部隊が出撃準備に追われるころ、日本海軍が四月一日に更新した暗号を解読し、聯合艦隊電令作第六一〇号による「大和」の行動を把握していた。

四月四日、米軍通信諜報は、「第一遊撃部隊指揮官は、おそらく『大和』に座乗して呉地区に在り、本土外への出撃のわずかな可能性が認められる」と分析。

五日、聯合艦隊司令長官は、第一遊撃部隊と沖縄特別根拠地隊司令官に電報を送付。「（1）X部隊と第六陸軍航空隊の可動全兵力を以て、X日（六日）沖縄周辺の敵艦船を撃滅する。（2）陸軍第八師団は上記の部隊の支援を遂行、陸軍第三十二軍は敵上陸部隊を全滅させる計画で七日を期し攻撃を開始せよ。（3）海上特攻隊は、Yマイナス一日、繰り返す、Yマイナス一日、豊後水道から出撃、黎明、沖縄東方海面の敵輸送船団を猛攻せよ。『Y』日は八日、繰り返す『Y』日は八日」

十四時四十六分、参謀長機密第二五九四九番電「第一遊撃部隊は七日（〇五三〇）豊後水道を出撃の予定。貴隊の徳山における六日朝の補給は約二〇〇〇トンとする」。

米軍解読陣は、「『〇五三〇』は電報の傍受崩れで、明解ではないが豊後水道を出撃する日時は七日と認められる。海上特攻隊は、第一遊撃部隊の公算大である」とした。

六日六時七分、「大和」は三田尻沖を出港し、七時十九分に徳山湾外着。徳山港外粭島東方に仮泊し、揮発油、不要物件を陸揚げし、所定人員の退艦を実施。搭載機定数は零であったが、二艦隊司令部付零式水上偵察機一機が、射出機に載せられ前路偵察任務用に準備されていた。

七時五十一分、海上特攻隊の兵力が、指揮官所定によって「朝霜」、「初霜」が加わり、駆逐艦は八隻になる。聯合艦隊電令作第六一一番電・機密〇六〇七五一番電「(1) 聯合艦隊電令作第六〇三番電に示した第一遊撃部隊編成は、『大和』、第二艦隊と、駆逐艦八隻に変更する。(2) 海上特攻隊の豊後水道出撃の時刻は第一遊撃部隊司令官とされたし」

九時四十六分、「BBB」(空襲警報)の旗旒《きりゅう》信号、各艦は、対空戦闘の配置に就く。徳山湾上空に飛来した米偵察機B-29が、高度九一〇〇メートルから出撃準備中の「大和」を撮影。

十二時四十五分、「大和」に、旗旒信号「WYZ」(各指揮官参集せよ)が掲揚される。

十五時二十分、「大和」から信号。「当隊(第十一戦隊欠)は八日黎明沖縄島突入の予定、各隊艦は出撃準備完成すべし、不要物件、機密書類等は残留艦に移載すべし」。

「大和」は、カッター、内火艇各一隻のみを搭載し、残りのランチ、大発、カッターは呉港務部預けとなる。

第一遊撃部隊指揮官は、第三十一戦隊の駆逐艦四隻に対して、掃討隊を編成し、九州南方海面まで、海上特攻隊の対空・対潜警戒に任ずることを命じた。

一方、米軍は傍受した数通の電報を解読して、第一遊撃部隊の編成と出撃予定を把握していた。

豊後水道出撃時機は第二艦隊指揮官の判断に任せられていて、十三時出港準備開始、十五時出撃の予定であったが、十五時過ぎに、九州鹿屋基地にある第二作戦指令所から聯合艦隊参謀長・草鹿龍之介中将来艦との連絡があって、出撃時刻は十六時に変更された。

十五時三十分ごろ、「大和」舷側近くに水上機が着水し、草鹿参謀長と帯同作戦参謀・三上作夫中佐が来艦。

「大和」右舷上甲板にある司令長官室に入った草鹿参謀長は、伊藤司令長官に以下のように述べた。

「内地に対する米機の空襲は盛んなり、これからは『大和』を本土決戦まで完全に保持することは困難になった。今では航空部隊による特攻も、十分にその効果をあげることができない。この効果をあげるために、水上部隊もこれに集中・協力する必要がある。沖縄の陸上戦闘は今や苦戦である。陸上兵力を台湾に転用した後に、米軍大部隊が上陸してきた。陸軍の兵力は不足している。この兵力の不足を補い、陸上の戦闘を支援するために、敵の水上艦艇ならびに輸送船団を撃滅して、敵兵力の増強阻止を図る必要に迫られている。これには、『大和』の強大な砲力を利用することが必要となるのだ。このため、『大和』以下を豊後水道より出撃させ、列島線を経て沖縄に突入し、わが航空部隊ならびに陸軍部隊の総攻撃に策応させなくてはならない」

伊藤司令長官は、この作戦に成算がなければ数千の部下をむざむざ犬死にさせることになるから、一通りの作戦計画の説明ではなかなか納得しない。参謀長も、さすがに「死んでくれ」とは言えない。息詰まる状況のなか、随行してきた作戦参謀・三上中佐が、「本作戦は、陸軍の総反撃に呼応して敵の上陸地点に艦を乗り上げ、陸兵になるところまで考えられている」と説明すると、伊藤司令長官は即座に、「それならば何をかいわんや。よく了解した」と応じた。

天一号作戦（海上特攻部隊作戦）に関する第二艦隊参謀長・森下信衞少将の口達覚が、「大和」副長、機関長・高城為行大佐、各科長、駆逐艦艦長、参謀など第二艦隊首脳陣が顔をそろえた士官室で読み上げられる。

「沖縄に来攻せる敵攻略部隊に対し、わが航空部隊の総攻撃ならびに三十二軍の攻撃に策応し、海上攻撃部隊として突入作戦を実施することとなりました。戦局重大なるは特に述べるまでもなく国家存亡の岐路にあり、この際、海上部隊の最後の花形として多年苦心演練したる腕を発揮し得ることは、武人としての本懐これに過ぐるものはありません。このうえは弾丸の続く限り最後まで一騎当千、獅子奮迅の働きをなし、敵の一艦一艇に至るまでこれを撃滅し、戦勢を一挙に挽回し、皇恩の万分の一に報ぜたいと存じます。海上特攻隊と命名されたるゆえんもこの所にあることと存じます。今回の作戦においては基地航空部隊の必殺攻撃あるも、敵兵力は膨大なるをもって、なお優勢なる敵と会敵することを予期しなくてはなりません」

伊藤司令長官は、一同の前で聯合艦隊司令長官の訓示を読み上げ、「帝国海軍部隊は、陸軍と協力し、空海陸の全力をあげて沖縄島周辺の敵艦隊に対する総攻撃を決行せんとする。皇国の興廃はまさにこの一挙にあり。突入作戦を命じたるは、帝国海軍力をこの一戦に集結し、光輝ある帝国海軍海上部隊の伝統を発揚するとともに、その栄光を後昆《こうこん》に伝えんとするほかならず。各隊はその特攻隊たると否とを問わず、愈々特殊奮戦敵艦隊を随所に殲滅し、もって皇国無窮礎を確立すべし」と結んだ。

第二艦隊参謀長だった森下信衞少将は、戦後、「伊藤司令長官の心境は、この作戦目的が『大和』に立派な死処を得させようとするにある。即ち、忠良なる帝国海軍将兵として全滅覚悟で出撃するしかない。戦死してこいとのご趣旨なのだ、という一言であった」と回想している。

海上特攻隊は、第二艦隊司令長官・伊藤整一中将のもと、「大和」艦長・有賀幸作大佐、第二水雷戦隊司令官・古村啓蔵少将、「矢矧」艦長・原為一大佐、第十七駆逐隊司令・新谷喜一大佐、「磯風」艦長・前田実穂中佐、「浜風」艦長・前川万衛中佐、「雪風」艦長・寺内正道中佐、第二十一駆逐隊司令・小滝久雄中佐、「朝霜」艦長・杉原与四郎中佐、「霞」艦長・松本正平中佐、「初霜」艦長・酒匂雅三中佐、第四十一駆逐隊司令・吉田正義大佐、「冬月」艦長・山名寛雄中佐、「涼月」艦長・平山敏夫中佐、で編成されていた。

「大和」は、二キロ信号灯を全軍将兵に向けて、「神機将に動かんとす、皇国の興隆懸かりてこの一挙に存す、各員奮戦敢闘全敵を必滅し、もって海上特攻隊の本領を発揮せよ」と伝達。第二艦隊参謀長・森下少将は、佐世保、呉通信隊にあてて、「当隊、六日二十時以後、呉通信系を去る」と、内地海軍部隊に対する決別を表明した。

十六時、旗旒信号「ＡＣ」（錨揚げ）。徳山湾外で出撃準備を整えた海上特攻隊は、第二水雷戦隊旗艦「矢矧」を先頭に、第四十一駆逐隊「冬月」、「涼月」、第十七駆逐隊「磯風」、「浜風」、「雪風」、第二十一駆逐隊「朝霜」、「初霜」、「霞」が続き、旗艦「大和」を殿《しんがり》に出撃。

「大和」戦闘艦橋前部右側に、長身の第二艦隊司令長官・伊藤整一中将、その左に、伊藤中将を補佐する参謀長・森下信衛少将（「大和」前艦長）、艦長・有賀幸作大佐は、中央の主羅針儀を前に自ら操艦にあたっていた。

十六時十分、艦隊速力二〇ノット。一〇分後、三十一戦隊は、隊列を解いて帰投。

十六時三十分、護衛各艦は、「大和」を敵艦に想定した夜間襲撃運動を実施。その後、海上特攻隊は、「大和」中心の航行隊形をとって豊後水道に向かう。飛行第七戦隊・杉本喜三郎は、その手記「飛行第七戦隊のあゆみ」のなかで、別府湾で空母「鳳翔」を標的艦として魚雷攻撃訓練をしていた折、豊後水道上空から、眼下の海上に大小取りまぜた一〇隻のなかに今まで見たことのない大型艦を目撃したが、それが最後の出撃をする「大和」であった、と記している。

夕食後、能村副長は、当直員以外の乗組員を前甲板に集めて、聯合艦隊の訓示を伝達した。

「第二艦隊は、全兵力を結集、水上特攻隊として片道分の燃料で沖縄本島嘉手納《かでな》沖泊地に突入、突入成功の暁には、『大和』の主砲は陸上砲台となり、米軍陣地に巨弾の雨を降らせる。もし、沖縄島の海岸浅瀬に乗り上げられたなら、沖縄島全体を主砲の射程内にカバーすることができる。一方、乗組員は、全員上陸して陸戦隊となり、沖縄守備隊を援助し戦闘する。再び生きて帰ることはない」

引き続き、総員が東を向いて皇居を遥拝《ようはい》し、「君が代」を歌い、副長の音頭で皇国の万歳を三唱。海上特攻艦隊は、無線を封止し、電信室は受信のみ。「敵潜水艦は豊後水道出口付近東西に二隻、日向灘洋上に一隻あり」。

豊後水道にある味方機雷原を避けて西水道を通過、九州東岸に沿って日向灘を南下。発光信号は全面禁止し、哨信儀信号送受信に切り替える。

二十時十分、「矢矧」第一電信室は、敵潜水艦の発信する無線電波を感受し、二世である山田通信士が翻訳、さらに、電波探知器班は、左後方八〇〇〇メートル付近に敵浮上潜水艦らしき艦影を探知した。艦隊は、敵潜の奇襲に備えて即応態勢を完了。敵潜水艦潜伏海面を避けて都井岬から大隅海峡に入ると、狭水道通過要領で暗夜の種子島水道を抜け、薩摩半島坊ノ岬を後方に西進を続けた。

一方、米軍は、無線諜報とB‐29の高々度偵察によって「大和」の所在を確認し、哨戒潜水艦による目撃情報からその動向を正確に知ることになる。

六日に豊後水道を出撃した「大和」は、出口付近で哨戒任務に就いていた米潜水艦「スレッドフィン」（ＳＳ－４１０）と「ハックルバック」（ＳＳ－２９５）のレーダーで探知された。

六日十九時三十分、深島南方で潜航哨戒中の米潜水艦「スレッドフィン」は、ＪＰ水中音波探知機で、方位三五〇度に高速回転のスクリュー音を聴知。次いで、潜航中に射距離を測るＳＴレーダーで一万六〇メートルに目標を探知すると、その一〇分後、深島から方位一四六度、距離一五キロの海面に浮上した。

十九時四十四分、島と陸地の間、北西方向、距離八七〇〇メートルに艦船四隻を探知音で捕捉。おおむねの針路一二〇度、速力二五ノット。二分後、レーダー・スコープに大型艦二隻と少なくとも小型艦四隻が映った。

十九時五十分、大型艦二隻と小型艦六隻、針路一四〇度、速力二五ノット。「スレッドフィン」は、日本艦隊の駆逐艦のレーダーもしくは視界内にとらえられていないと判断し、左翼を並航しながら針路を確認して基地に触接を報告した。しかし、速力一九ノットのために後落。

十九時四十七分、浮上した「ハックルバック」は、レーダー射程一万二八〇メートルの範囲内に哨戒艇を探知し、哨戒海域を西方に向かう。

二十時二十三分、潜水艦用SJレーダーが、方位三〇〇度、距離二万七四〇〇メートルで弱いピップ音を探知。全速で南西方向に向かうと探知音が次第に強くなり、大型艦であることが判明。太平洋艦隊潜水艦部隊麾下司令部に触接報告をして、追跡配備をとる。距離一万二八〇〇メートルで目標七個を探知、陣形の外側の駆逐艦らしきピップ音を探知すると、第二信「目標七隻、針路一八〇度、速力二〇ノット」を打電。第三信は、「針路二六度、速力二三ノット」。

二十二時七分、日本艦隊は、基準針路を南南西にとって次第に遠ざかっていき、触接を失う。

二十一時、哨戒潜水艦からの「日本艦隊」の情報、「北緯三三度一八分、東経一三二度一二分、針路一六〇度、速力二二ノット」が、グアム島の米太平洋艦隊司令部チェスター・ニミッツ大将、沖縄本島北東海面を遊弋《ゆうよく》して沖縄攻略を指揮する第五艦隊司令長官レイモンド・スプルーアンス大将、第五八任務部隊・高速空母部隊指揮官マーク・ミッチャー中将に送られた。

この情報は、沖縄攻略作戦を実施するにあたって、高速空母部隊が日本軍の奇襲を受ける危険性よりも、上陸部隊が沖縄本島の橋頭堡を確保した直後に、前夜、瀬戸内海から出撃した敵水上艦隊によって、翌朝、奇襲される可能性の方が大きいという想定に合致していた。

高速空母部隊指揮官ミッチャー中将は、「アイスバーグ」作戦を指揮する第五艦隊司令長官スプルーアンス大将の命令を待つことなく、全高速空母部隊に沖縄本島北東海面に集結することを下令。第五八任務部隊旗艦「バンカー・ヒル」（CV-17）の作戦室で、アーリィ・バーク准将、作戦担当のジャームズ・フラットレイ中佐と共に海図を見つめながら、航空機対戦艦における航空機優位論に決着をつけようと決意した。

米海軍航空関係者は、日本人捕虜の証言もあって、レイテ湾の戦闘で「武蔵」を空中攻撃で沈めたものと信じていたが、米潜水艦の雷撃が「武蔵」を沈めた可能性も残されていた。「大和」の出現は、航空機の優位性を証明する絶好の機会だったのだ。

数時間後、第五艦隊司令長官スプルーアンスは、太平洋戦争最後の戦艦同士の艦隊決戦を企図し、第五八高速空母部隊に予想されるカミカゼ攻撃に対処するよう命じ、第五四任務部隊モートン・デイヨー少将には、日本艦隊を阻止するために二つの戦艦戦隊と巡洋艦戦隊、そして駆逐艦二〇隻を編成するよう下令した。スプルーアンスの命令文は「Game for 'Task Force 54'」であった。

しかし、ミッチャー中将は、航空機優位を決定づけるために前夜から攻撃隊の発進準備を命じており、スプルーアンスの「第五四任務部隊の勝負」の電文の写しを無言でやぶり捨てた。ミッチャーは、スプルーアンスから空中攻撃を明確に禁止されない限り、「大和」を沈める任務を戦艦部隊に譲る気は毛頭なかった。そして、スプルーアンスは、沖縄本島北東に空母部隊を集結させるというミッチャーの命令を取り消さなかった。

各空母の兵器担当は徹夜で、海上特攻隊攻撃用に、爆弾三七〇発、空中魚雷一三一本、ロケット弾一二〇発を準備し、「エセックス」級空母七隻、軽巡洋艦改造の軽空母五隻は、搭載機八九六機と共に、「大和」を目指して北上を開始した。

七日黎明、ミッチャーは、索敵隊、通信中継隊、追跡隊五八機を発進させた。索敵隊四二機が、進出距離五八五キロ、方位三三六度から五六度を一〇等分した扇形哨戒区の捜索を開始した。

八時十五分、索敵隊の一機「エセックス」（CV-9）所属機が、北緯三一度二〇分、東経一二九度一五分の海域で、低く垂れ込める雲間に輪形陣の「大和」を目撃。「大和」発見の報は、中継機を通じて吉報を待ちわびる「バンカー・ヒル」艦上作戦室のミッチャー中将に伝えられた。作戦打ち合わせ室に現れたミッチャーは、パイロットたちに「『大和』をたたきつぶせ」とげきを飛ばした。

九時十五分、通信中継機一六機と、目標をとらえて攻撃隊を誘導するための追跡隊

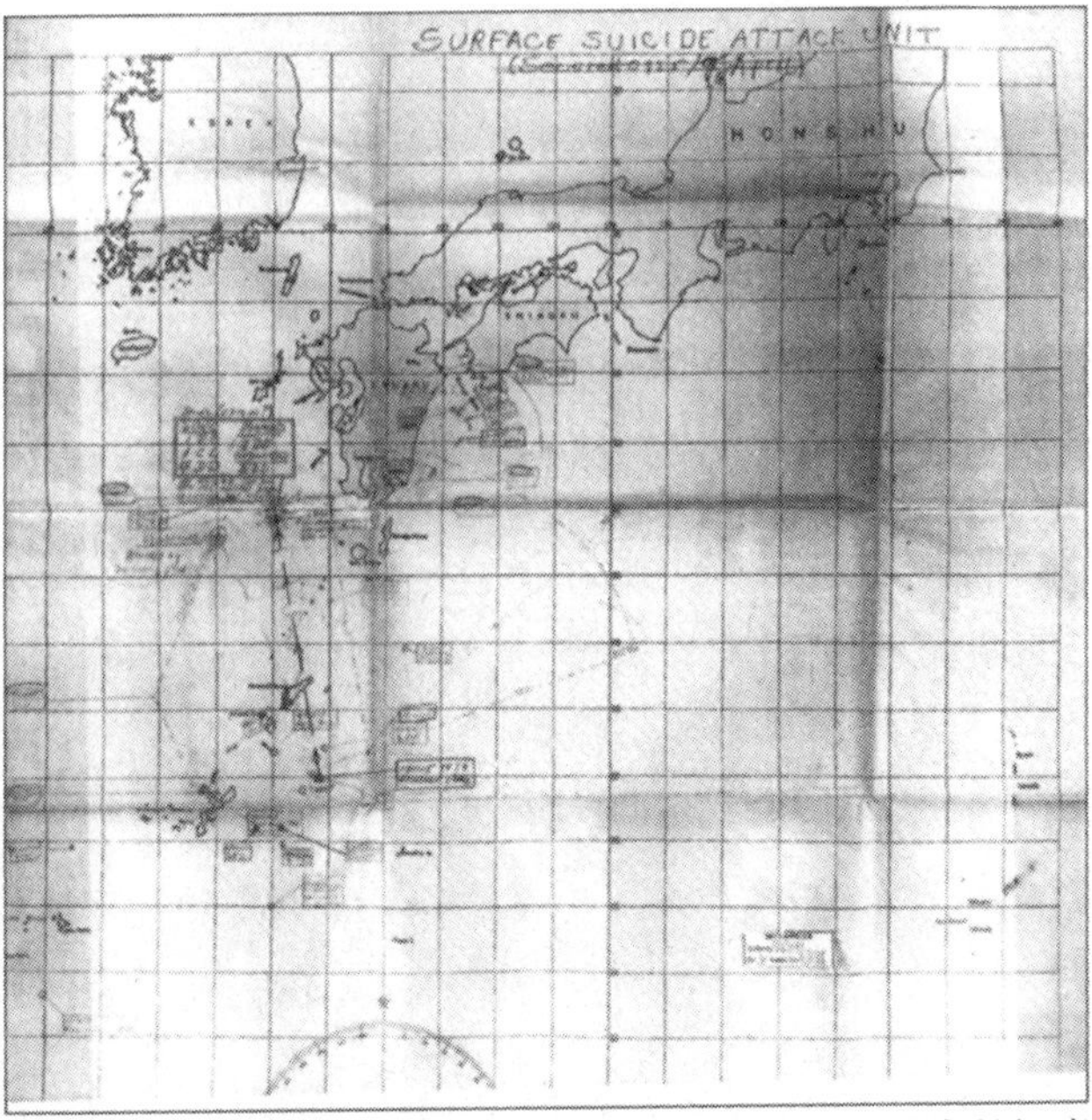

ミッチャー中将が作戦室で使用した対海上特攻隊作戦図。扇形哨戒地区が東方に片寄っているのは、暗号解読の際に西方海面を東方と誤訳したため

一六機が発進し、慶良間列島からは、第二一哨戒兼爆撃中隊（VPB21）のPBM哨戒機カタリーナ飛行艇二機（J・R・ヤング大尉と搭乗員一〇名、R・L・シムス大尉と搭乗員八名）が加わった。

九時五十七分、飛行艇二機は、北緯三〇度四七分、東経一二八度〇五分の地点（日本側記録は坊ノ岬灯台の二六六度九〇海里）に「日本艦隊」を発見し、その後、およそ五時間にわたって追跡し、任務部隊の攻撃隊を誘導し、「大和」の位置を母艦に通報し続けた。

十時、全空母一二隻の攻撃隊に、発進が命じられた。第五八・四群一〇七機の発進は四五分遅れたが、第五八・一と第五八・三任務群の二三一機は、追跡隊の発見報告を待たずに発進する。

十時十七分～五十分、沖縄本島の北東海面から、空母七隻、軽空母五隻計一二隻の各飛行甲板に出撃準備を整えて待機していた攻撃隊が、次々と発艦していった。

ミッチャー中将は、参謀長バーク准将を振り返り、

「別命がなければ、正午ごろに『大和』を攻撃する計画であると、第五艦隊司令長官スプルーアンス大将に報告してくれ」と告げた。英国の観戦武官が、「なぜ、貴官は、追跡隊が確実に『大和』の位置を確認する前に、攻撃隊を発進させたのか」と疑問を

投げかけると、バーク准将は、「われわれは、いちかばちかやってみた。われわれは、自分が『大和』だったらここにいるに違いないと目星をつけた海域に攻撃隊を発進させた」と、確信ありげに答えた。それは、暗号解読に裏付けられた情報があったからこそであった。

雨雲の垂れ込める悪天候のなか、機上捜索用レーダーによって日本艦隊を発見した索敵機の情報「八時二十五分、九州の西岸、針路三〇〇度、速力一二ノット」に基づいて、第五八・一任務群（指揮官J・J・クラーク少将）麾下の空母「ホーネット」（CV－12、艦長A・ドイル大佐）、「ベニントン」（CV－20、艦長スイキース大佐）、軽空母「ベローウッド」（CVL－26、艦長J・B・ペリー大佐）、「サンジャシントゥ」（CVL－30、艦長M・H・カーノドル大佐）、そして、第五八・三任務群（指揮官F・S・シャーマン少将）麾下の空母「エセックス」（CV－9、艦長C・W・ウェバー大佐）、「ハンコック」（CV－19艦長R・F・ヒッキイ大佐）、軽空母「カボット」（CVL－26、艦長W・W・スミス大佐）、「バターン」（CVL－29、艦長J・B・ヒース大佐）、空母「バンカー・ヒル」（艦長G・A・セイス大佐）から発進した二二二機（うち三機はトラブルで途中帰還）は、上空で航空群ごとに集合し、さらに任務群同士が合同して互いの編隊を真横に見ながら、奄美大島と喜界島の間を通過して北方へ針路をとった。

四五分遅れて、第二次攻撃隊一〇七機が、第五八・四任務群（指揮官A・W・ラドフォード少将）麾下の空母「ヨークタウン」（CV-10、艦長T・S・コヌブス大佐）、「イントレピッド」（CV-11、艦長G・E・ショート大佐）、軽空母「ラングレー」（CVL-27、艦長J・F・ウェグフォース大佐）の三隻から発進した。軽空母「インディペンデンス」（CVL-22）は、補給で第五八・二任務群に合同するために分遣され、攻撃には参加しなかった。

一方、海上特攻隊も十二時三十五分に、二群以上の敵編隊近接を真南方向八〇～一〇〇度、七〇キロ付近に一号三型レーダーで探知し、全艦が対空戦闘の配置に就いたが、機数はそう多くないと判断した。

第一次攻撃隊・全航空群の標的空中攻撃は、空母「エセックス」（CVG-84）航空群の指揮官が担当した。第五八・一任務群と第五八・三任務群の航空群は、高度約一八三〇メートルで、距離五〇六キロかなたの日本艦隊に向けて進撃。高度約七六〇メートルの雲間から日本艦隊の一部を目撃すると、標的空中攻撃調整官は、第五八・三任務群所属の航空群に目標上空を避けて旋回するよう命じ、「大和」を中心とする輪形陣を確認すると、第五八・一任務群所属の航空群に攻撃を下令した。

米海軍の雷撃には、三つの方法があった。まずは、標的艦船を左右から挟撃する「かなとこ」雷撃法、次に、標的前方に扇型に占位して等間隔に距離をとり、艦首部に向けてワン・ツー・スリーのタイミングで魚雷を投下する「ＡＢＣ」雷撃法、そして、片舷への「波状」雷撃法である。米航空群は、悪天候のなか、「大和」を主目標に雷爆混成の小集団分散による連続攻撃を、戦闘機隊は、「大和」を掩護する護衛艦の対空火器を沈黙させる任務を担った。

十二時三十分、第八二爆撃中隊ＳＢ２Ｃ－４＆４Ｅの四機が、雲高一〇一〇～六〇〇メートル、雲量八の雨雲を突き抜け、高度七六二～三〇五メートルから緩降下して、「大和」の艦尾から艦首方向、北から南に沿って、二〇ミリ機銃弾二〇五発と一〇〇〇ポンド半徹甲爆弾八発を投下した。指揮官機は、緩降下爆撃後に機体を引き起こしながら、「大和」の中央部に噴き上がる火炎と黒煙を伴う爆発を観測。二番機は、「大和」の前部艦橋前方に一発、後部マスト後方に一発の命中を報告した。

第一次攻撃隊は回避運動をとりながら、「大和」に対してロケット弾一一二発、爆弾六三発、魚雷五二本を投下。次いで、第二次攻撃隊・第五八・四任務群一〇五機が来襲し、「大和」目掛けて爆弾三〇発と魚雷七本を投下する。機関故障で落後した「朝霜」は、沈没し全員戦死。

十二時三十四分、「大和」は、対空射撃を開始した。「ホーネット」隊の一四機は、海上特攻隊を視認した直後、「大和」の主砲が火を噴くのを見て、回避運動をとって攻撃を遅らせた。「大和」からかなり離れて旋回していた第五八・三任務群第四七戦闘中隊一二機中の二機が、「大和」の主砲対空弾と思われる対空弾の炸裂《さくれつ》で損傷する。

十二時三十七分、「大和」は、単独で東に回避。十二時四十分、九〇度方向よりSB2C数機が急降下、一機撃墜（第八二爆撃中隊のSB2Cか）。一分後、面舵に回避。「大和」は、最大戦速（二七ノット）、軸馬力一五万馬力を全開した。予備射撃指揮所、二番副砲塔、後檣装備の一号電波探信儀三型二基が破壊される。「大和」の艦隊内電話、中波二波、超短波一波が通話不能に陥り、「初霜」が艦隊通信代行艦となった。

十二時四十一分、「敵艦上機群約二〇〇機、四周より主目標を『大和』、『矢矧』に指向し来襲す」。艦長・有賀大佐は、上空視界の利く防空指揮所の羅針盤の後ろに仁王立ちして、全艦の対空戦闘の陣頭指揮を執った。

遅動信管〇・一秒に設定された徹甲爆弾が、左舷第四番高射器付近、後部電波探信儀室付近を貫通し、中甲板の主計科デッキ（第十一兵員室）の両舷倉庫で炸裂、熱風と火炎が上部に噴き上げた。主計科員の多くが死傷。

同じく、徹甲爆弾が、左舷中部を貫通し、機械室の上の二〇〇ミリ厚の中甲板で炸裂し、火災が発生する。別の一発は、後艦橋右舷横の十五番二五ミリ機銃座を削って直径二メートルの孔を開け、上甲板の下方で爆発して煙が噴出した。さらに、後部副砲塔砲室内に閃光が走る。一瞬にして真っ暗になり、油圧管が破裂して砲塔が動かなくなる。火薬庫からは応答なし。後檣マスト付近直下にある電探室は、大おので竹筒をたたき割ったかのように四散し、電測員一二名が一瞬にして散華。

第一七雷撃中隊の雷撃機TBM－3八機が、旋回を続ける「大和」に対して左舷から、投下調整深度を三メートルから六メートルに変更したMk13改六（補助推進装置付き）と改七（頭部に抗力輪、尾部に安定装置付き）空中魚雷八本を投下、「大和」左艦首部付近に複数の命中を記録する。

「大和」戦闘詳報には、「十二時四十三分、左七〇度七〇〇〇メートルに雷撃機五機が向かってくる。『面舵いっぱい』、単独右に回避。雷跡三条が迫る。一本命中」とある。これが、第一七雷撃中隊八機の雷撃と思われる。

十二時四十五分、第一七爆撃中隊・爆撃機SB2C－4七機が、高度一二〇〇～九一〇メートルから緩降下爆撃を敢行し、一〇〇〇ポンド徹甲爆弾（遅動信管〇・八秒）と半徹甲爆弾（遅働信管〇・〇二五秒）各五発を、高度約三〇〇メートルから一斉投下。

前部艦橋後方、煙突後方（後部艦橋を含む）、艦首部（非装甲部）各一発の命中を報告した。なお、緩降下中に四機が被弾し、そのうちの一機は、母艦近くの海上に不時着して機体は失われた。

「ベローウッド」のTBM－3は、航空魚雷に代えて五〇〇ポンド通常爆弾四発を搭載し、高度一〇七〇メートルから降下し、高度三七〇メートルから「大和」に向けて一斉投下したが、命中弾の記録はない。本機は、爆弾投下後に右翼付け根とエンジンに被弾し、搭乗員三名はパラシュートで脱出したが、二名が戦死。

十二時五十七分、右舷艦尾よりSB2C数機が急降下。「大和」は面舵に回避し、一機撃墜。

第八四戦闘爆撃機F4U－ID一四機が、高度四五七メートルから急降下し、ロケット弾一一二発を発射し、五〇〇ポンド通常爆弾一四発を「大和」目掛けて投下した。

一発の命中が報告されたが、戦果は不明。

「大和」には、爆弾、ロケット弾、機銃弾が降り注いで、後艦橋、二番副砲塔、煙突付近からはもうもうたる黒煙が噴出していた。空母「ベニントン」の雷撃中隊は、戦艦を攻撃するよう命じられていたが、魚雷調整深度三・七メートルを変更できないために、「大和」の厚い装甲鈑で魚雷を無駄にしないよう、軽巡洋艦「矢矧」の艦尾を雷撃して航行不能に陥らせた。

第五八・一任務群の航空群が攻撃を終えると、海上には「矢矧」が左傾斜のままで静止していて、傍らに護衛をする「磯風」の姿が望見された。

十二時五十分、第五八・三任務群各航空群の攻撃が開始された。

最初に「大和」を攻撃したのは、接敵中に雷撃隊と爆撃隊の上空掩護を担っていた第八三戦闘爆撃中隊五機のうちの一機だった。F4U1Dは、雲底九一〇メートルの雨雲を突破して高度七六〇メートルから一〇〇〇ポンド通常爆弾（遅動信管〇・一秒）一発を投下し、操縦士は、「大和」艦橋前方左舷に命中と報告。

「ホーネット」の爆撃中隊に続いて、「エセックス」の第八三爆撃中隊一二機が、高度二〇〇〇メートルから爆撃態勢に入った。「大和」は、三〇秒前に面舵をとっていて、攻撃中に右への旋回を速めていたので、右舷後方から降下角六五～八〇度の急降下で雨雲を突き抜け、高度七六〇～四六〇メートルから徹甲爆弾一二発（遅動信管〇・〇八秒）と半徹甲爆弾二発（遅動信管〇・一秒）を一斉に投下。

操縦士は爆弾投下後、高度二四四～二七四メートルで機体を引き起こしながら、「大和」の前艦橋部右と一番主砲の右前方に各一発の命中弾を観測。徹甲爆弾は最上甲板を貫通し、六区中甲板兵員室付近で炸裂した。次いで、後部座席の機銃員は、二番主砲右側への半徹甲爆弾の命中を目撃。中甲板防水区画八区～兵員室一一区付近で炸裂した可能性があった。三番主砲塔横にも爆弾が命中し、小さな火炎と爆煙が上がった。最上甲板を貫通した徹甲爆弾は、中甲板一七区～一八区付近の兵員室で炸裂した。後部左舷に魚雷命中。

第八三爆撃中隊は、六発の徹甲爆弾と二発の半徹甲爆弾の命中を報告。攻撃中に五機が被弾した。さらに、十二時五十八分から十三時二十分まで戦闘爆撃機一機、艦上爆撃機一二機、雷撃機四四機、戦闘機一機が「大和」に襲いかかった。悪天候にもかかわらず、各航空群の攻撃と各飛行中隊との攻撃調整は巧みだった。それは、各飛行中隊長の適切な判断の結果であった。雷撃隊は、最後の爆弾が炸裂した直後に魚雷を投下した。

「バンカー・ヒル」の第八四雷撃中隊TBM-3一四機は、「大和」の北方約四四キロの空域で旋回しながら攻撃命令を待っていた。そして、十二時五十分、第五八・三任務群指揮官が攻撃開始を下令。雷撃中隊長は、雲量八の雨雲の中に雲間を見つけ、第八四航空群から分離すると、レーダーで「大和」を追尾しながら最適な雷撃位置を求めて、高度一五二〇メートルから密雲を突き抜けて降下を開始した。

「大和」の北方九キロ、高度七六〇メートルで雨雲から出ると、「大和」が南西方向に右旋回をしているのが観測された。第八四雷撃中隊長は、編隊に「分散」を指示し、中隊は二小隊に分離し、隊長機に追従する第一小隊は南西方向、第二小隊は左の南東方向に進み、その直後、分隊は三機ごとに散開した。依然として右旋回を続ける「大和」を雷撃するには、理想的な戦術だった。

「大和」から撃ち出される対空砲火は激しく、赤、紫、緑の弾幕は正確であった。「大和」は、推定速力一五〜一八ノットで右旋回を続けていた。

高度を下げ雲底六一〇メートル下に出た直後、全機がほとんど同時に雷撃態勢に入り、機上レーダーで距離を測りながら、「大和」の旋回する内側から六機、外側から八機が艦首方向を狙って、平均射程一四四〇メートル、高度一五二メートル、気速二一四ノットで魚雷を投下した。

見張り長・渡辺志郎少尉談。

「それにしても、沖縄戦における敵の襲撃法は見事なものであった。雷爆の同時攻撃をさらに実戦的に強化し、急降下爆撃機が突っ込むと、その下を雷撃機が突撃してくる。雷撃機は一万か二万メートルまで編隊で来て、死角のないように隊列を整えて展開する。『大和』を中心に扇形の突撃態勢をつくり海面すれすれをはうようにしてやってきた。同時攻撃を迎え撃つ原則はなかった。合理的な回避の方法は難しい。距離の目測は、三万メートルで誤差五〇〇メートぐらいまでやれたが、雲高一〇〇〇メートル以下だから、敵機が見えた瞬間、『あかん』ということになる。機銃でさえ追尾に忙しかった。天運われに利あらず」

第一艦橋見張り員・上甲正好一曹談。

「普通だったら、『左〇〇度雷跡』と報告するのだが、戦闘の騒音で聞こえない。航海長の所に飛んでいって肩をたたいて『これだぁ』。四、五機突っ込んで魚雷を投下したころには、次が来ていた。どれに目標を立てても回避できない。どこを向いても雷撃機がいる。『雷跡、航海長もうだめだ』。雷跡は二〇本以上見た。前艦橋に対し機銃掃射、思わず『伏せっ』。敵機の搭乗員の顔が見えた」

魚雷の命中は、「大和」の右舷艦尾、後部主砲塔横、左舷艦首部に二本、艦正横付近に二本、後部主砲塔横、艦尾付近に二本だった。ほとんどの操縦士は、対空砲火を巧みに避けながら「大和」の上空を避退した。帰投中に被弾した二機は、残弾薬、カメラ、レーダー装置、通信装置、諸装置を投棄し、着艦した時にはわずかに一五ガロンの燃料しか残っていなかった。

艦長伝令・塚本高夫二曹談。

「有賀艦長は、魚雷が命中し始めると下の機械室のことを実に心配されていた。『機械室はどうか』と繰り返していた。攻撃は本当に間がなく波状攻撃であった。その間、艦長も無我夢中。機銃掃射、鉄かぶとを直撃、そのまま貫通してしまう。防空指揮所のリノリウムの個所に砂をまいた。走ったり踏んだりすると滑るからだ。防空指揮所の左舷の者がやられた。右から攻撃し、帰りに後部から撃つ。『バリバリ』。そのままの姿勢で羅針儀の下に入る。それでもやられる。横にいた兵士もやられた。艦長は『注水せよ』、『復原せよ』と何回も号令をかけた。機械室、発令所、各主砲塔から『現在の状況を知らせ』といってくる。艦長の動きが激しくなった。『後部の状況は』に対して、自分が後部に走っていって見届けてから、『ただ今、敵機を攻撃中、みんな、頑張れ』と応答した」

一番副砲塔砲員長・三笠逸男上曹談。

「前部指揮所にいる副砲術長・清水芳人少佐の『射撃命令』で、雷撃機に対して、五、六斉射した。射手の横に旋回手があり、自分の眼鏡で調整して各三門それぞれの所で針が動く。それに追従して狙った所に撃つ。訓練時は的速、方向などを計算尺で計算して信管何ぼ、と調整する。計算に一〇秒、そして弾丸を込めて飛んでいくまでに一〇秒、計二〇秒。その間、直進してくる馬鹿な飛行機はいない。その結果、弾はとんでもない所に行くことになる。そこで狙って撃つより待って撃つ方がいいと考えるようになった。信管調整を三～四秒、射程三〇〇〇メートルで炸裂する。ちょうど雷撃機が雷撃態勢を始めたころ、ボカン、ボカン炸裂すれば、その爆風で飛行機は十分な雷姿勢をとれず避退するのではないか。この方法が一番いいんじゃ。元針を砲側の旋回手が追いかける。だが、艦は転舵する。『大和』は、初めは旋回速度が緩いが、回頭しだしたらものすごく速い。それについていくのが大変。それでも実際には四、五斉射しか撃っていない。すぐに機銃やらなんか撃つので、その硝煙で副砲長の配置では照準できんようになり、砲側照準となった。左舷に雷撃機が来ると遠慮なくガバン、ガバン撃つので、爆風で機銃が撃ちにくくなる。有賀艦長より『主砲、副砲は射撃中止、機銃、高角砲に全力を発揮させよ』。清水副砲術長より『撃ち方待て』。さぁ、砲側ではやることがない。砲室の外に出てうろうろするわけにはいかない。副砲塔の防御が弱いため、万一の場合、直撃による誘爆を心配して装薬をなるべく少なくして待機した。砲室の中にいると、外の状況は分からない。『デェーン』と爆発音、部下がみんな私の顔を見る。なんば慣れているからといってこっちも内心がたがたした。『大丈夫、大丈夫』と声を出した」

十二時五十九分、「エセックス」と「バターン」の航空群が攻撃を命じられる。空中調整官より、爆撃中隊と雷撃中隊には「大和」への共同攻撃が、戦闘中隊には「矢矧」と直衛駆逐艦への攻撃が指示された。

雷撃中隊は、距離八キロに日本艦隊を目視しながら、北東方向にある雲間を通り抜けて隊列を解く。嚮導機が操縦かんを前に押し横転降下すると、北東方向に回避する日本艦隊の陣形の右側に沿って降下し続けて北方に旋回、日本艦隊の艦首を横切って北西方向に向かう。

「エセックス」雷撃中隊一五機は、分隊ごとの縦列、「バターン」の飛行中隊九機は、単機の縦列。「バターン」の雷撃隊長の意図は、北方から「大和」の艦首左側を狙うことにあった。北方の雷撃空域に達すると、「大和」の主砲以下、激しい対空砲火に遭う。被弾運動をとりながら、雲の中に入ったり出たりしながら日本艦隊の陣形の周りを旋回。この時、操縦士は標的の戦艦「大和」であることを識別した。爆弾二発が「大和」を直撃するのを目撃。「エセックス」の雷撃隊が、激しい対空砲火のなか雷撃態勢に入るのが見えた。

「バターン」の第四七雷撃中隊九機は、魚雷の調整深度は三機ずつ、五メートル、六メートル、六・七メートル、七メートルに設定していた。雷撃隊長は、「大和」の後方七～九キロ外側を降下しながら、「大和」の南または南西方向から雷撃態勢に入るために向きを変えた。雷撃は、各操縦士の判断ではなく、小隊長機の統制のもとに行なわれる。この時点で「大和」は、右舷側を見せながら、東もしくは南東方向に向けて転舵していた。

雷撃隊長率いる第一小隊は、「大和」の不安定な右旋回を速力約一二ノットと推定し、ゆっくりと舷側に身を翻す。「大和」の右艦首方向には直衛艦「冬月」、右後方には「初霜」が占位していた。

隊長は、気速二五〇ノット、高度九〇メートル、射程一三七〇メートルで、「大和」の艦首に対して九〇度方向から魚雷を投下。二番機が、気速二八〇ノット、高度二一〇メートルでこれに続いた。両機は右旋回で南に避退し、「大和」の右舷艦尾付近と中央への命中を目撃した。

この時の状況を、吉田満著『戦艦大和の最期』は、「『後部注排水管制所、魚雷一本、直撃弾三発』伝声管の中継による報告。艦橋幹部暗然として無言。ああ天われに与せざるか」と記している。

「大和」は、米軍の雷爆撃同時攻撃に対して、面舵連続二回転による回避運動をとった。「武蔵」の旋回公試のデータでは、三六〇度の旋回に要する時間は約四分三〇秒である。また、転舵による速力低下を回復して再度転舵するには、少なくとも約七分間直航する必要があった。しかし、米軍の少数分散による集中波状攻撃がそれを許さなかったため、「大和」は二回連続で避雷運動をとることになる。「大和」の旋回性能は、舵が利き始めるまで時間はかかったが良好で、しかも、旋回運動中の船体傾斜も少ない。これは、爆弾、魚雷の回避運動をとる際には強みであった。

米軍は、この間およそ九分間に、爆弾二七発、空中魚雷三六本を集中させた。

第一艦橋航海士・山森直清中尉談。

「主砲の発砲は少なかったと記憶する。防空指揮所の有賀艦長と戦闘艦橋の茂木航海長による操舵命令を聞いて記録し、海図台の上で作業する間に余裕をみて見張りをしたりしていた。号令は記入するが、あまり細かいことまでは書かない。後部に爆弾命中、そうひどい被害とは思われなかった。戦闘航海には支障がないと思った。魚雷が当たると振動するが、最初の二、三本の命中はかすり傷のような振動。艦橋前方の魚雷命中は割と早い時期だった。中部、後部に魚雷が集中するようになると、艦が胴震いするようなひどい振動があった。機銃掃射、魚雷の数は、爆弾より多かったように記憶している」

「バターン」の三番機は、前方の二機と同時に雷撃態勢に入ったが、魚雷が投下されていないことに気付いていったん避退行動をとり、気速二三〇ノット、高度二四四メートル、射程一三七〇〜九〇〇メートルで、「大和」の艦首前方を目掛けて魚雷を投下。左旋回で避退する時に雷跡二本を見たが、その魚雷は「大和」の艦尾付近に命中した。四番機は、雲の中で第一小隊と分かれたために、第二小隊の最後の機と共に攻撃することになった。

第二小隊五機は、第一小隊に引き続いて雷撃態勢に入った。

まずは二番機が、気速二三〇ノット、高度一〇七メートル、射程九一四メートルで、「大和」の艦首七〇度方向から魚雷を投下し、艦首から艦尾方向に沿って避退。後部座席の機銃員は、「大和」目掛けて機銃掃射する。「大和」の右舷中央、そして一五秒後に、正横後部付近に魚雷が命中するのを目撃。その数秒後に、三本目、四本目が命中した。

一番機、三番機、四番機は、同時に雷撃態勢に入った。

一番機は、気速二四〇ノット、高度一四四メートル、射程一三七〇メートルで、「大和」の艦首方向七〇度方向から魚雷を投下。右旋回で南に避退する時に、「大和」の右舷に魚雷三本が命中するのを見る。二本はほとんど同時、三本目は少したってからだった。

三番機は、気速二五〇ノット、高度三〇メートル、射程約一三七〇メートルで、

「大和」の艦首方向九〇度から魚雷を投下した。避退時に機銃弾二発を被弾、一発は爆弾倉で炸裂、もう一発は右翼を貫通して風防ガラスを吹き飛ばして操縦士が負傷した。水圧機構が損傷して爆弾倉を閉じることができず、左車輪のみで巧みに母艦に着艦したが、機体は廃棄された。

四番機は、帰投中にまだ魚雷が投下されていないことに気付いて引き返し、高度三〇メートルから「大和」に魚雷を投下する。後部搭乗員が、「大和」の右舷正横への命中を確認。第一小隊の四番機は、気速二〇〇ノット、高度九一メートル、射程九一〇メートルで「大和」の右舷後部に向けて魚雷を投下した時に、四本目の命中を目撃した。

第四七雷撃中隊は、魚雷の命中を最低四本と記録。

主計科・丸野正八兵曹談。

「居住区は中甲板、缶室の真上右舷後部。爆弾が落ちて主計科はほとんどやられた。機銃か高角砲の揚弾筒から火炎が噴出していた。上からか下からかは分からないが『ボカン、ボカン』と爆発した。目の前で魚雷が命中。瞬間、きれいな色、真っ赤な色、なんともいえない色の火が噴き上がった。左舷張り出しの機銃塔が、魚雷の命中と同時に吹っ飛ぶのを見た」

第四七戦闘中隊の一二機のF6F-5は、五〇〇ポンド通常爆弾（遅動信管〇・〇二五秒）を搭載して、高度一五二〇メートルを旋回していた。三機が対空砲火で損傷したが、第四七雷撃中隊と同時に「大和」に迫った。密雲のために高度三〇〇メートルからの浅い滑空爆撃を強いられたため、「大和」と直掩駆逐艦の激しい対空砲火にさらされることになる。

攻撃直前、「大和」は、針路北から東もしくは南東方向に転舵を始めた。三機が「大和」の旋回につれてほとんど横陣で緩降下しながら、東ないし南東方向から西に向かって攻撃を開始。二機は、「大和」右艦首方向の駆逐艦「霞」に高度一五〇〇メートルから五〇〇ポンド通常爆弾二発を投下、一機が「大和」に爆弾を投下した。

対空砲火は、第四七戦闘中隊がこれまでに経験したなかで最も激しく、二機が損傷し、一機は着艦できないまま陣形内の駆逐艦の近くに不時着しなければならなかった。操縦士は救助された。

TBM-3一機も被弾し、母艦に帰投後、機体は廃棄された。このほか、F6F5三機が対空砲火で損傷。

「エセックス」の第八三雷撃中隊一五機は、Mk13改九（始動装置付き）七本、改六

（補助推進装置付き）七本、改七（抗力輪と安定装置付き）一本の航空魚雷を搭載しており、そのなかの一三機が、標的を挟撃する「かなとこ」雷撃法で「大和」に四本命中を記録。

最初に、隊長が率いる小隊が雨雲を突破して、「大和」の右艦首を狙った。第一小隊隊長機に続いて、二番、三番機が雷撃を行ない、少なくとも魚雷一本の命中を確認。四番機は、雲から出た時に「大和」の位置が遠かったので先行する駆逐艦を攻撃した。

第二小隊は、第一小隊の魚雷投下と同時に、「大和」の左舷側から雷撃態勢に入り、第一小隊が「大和」の艦首を通り過ぎた瞬間に魚雷を投下。「大和」は右旋回中で、雷撃にうってつけの標的となった。操縦士と搭乗員全員が、「大和」の左舷に魚雷が三本命中するのを目撃した。

第三小隊は、第二小隊の後方から、間を置かずに雷撃態勢に入った。「大和」は右旋回を続行していて、左舷側の艦腹をさらしていた。「大和」の速力はわずか一〇ノット、搭乗員は、雷撃にとって訓練中のいかなる標的よりも最高の標的であったと回想している。彼らは、少なくとも二本の命中を報告した。四番機の操縦士が、「大和」の左舷に魚雷二本が命中するのを目撃している。

第四小隊の三機は、攻撃の仕上げを任された。三機は、雲間から出ると一八〇度旋回して「大和」と並走し、左に旋回して雷撃態勢に入り、「大和」の艦首右側から魚雷を投下した。雷撃は完ぺきに行なわれ、命中を目撃。

第八三雷撃中隊の一五本の魚雷は、投下高度二四四〜一二二メートル、速力二二〇〜二九〇ノット、射程一一〇〇〜一六四六メートル、海面はこれ以上はないほど穏やかで、風の影響はほとんどなかった。対空砲火は激しく正確で、一五機中一一機が被弾して損傷している。

第八三爆撃中隊指揮官は、雷撃中は上空を旋回していて、四本の魚雷の命中を目撃した。このほかに、「大和」の旋回進路と雷撃位置から三本の命中を主張したが、記録はされていない。雷撃は教科書通りに実施され、「大和」が重大な被害を受けたことは明白であった。

方位盤射手・村田元輝大尉談。

「向かってくる敵機の先頭機より少し後ろに照準、諸元の誤差を考えて斉射の照準点は自分なりに工夫して定めた。主砲は五度以上、高角砲、機銃も一五度以上傾くと射撃ができない。その時までにどのくらい主砲を撃ったかというと、初めのうちはかなり斉射したが、一度傾き注排水して復原してからは、わずか三斉射と記憶している。これでもう艦が沈むのだとはどうしても思えん。いっとき主砲が撃てんでも、たった一五度くらいの傾斜ならまた復原するじゃろう。それまで、照準訓練でもしてやろう。そう腹が決まって、ちっとも動揺はしなかった。傾く方位盤塔内で引き金を握りしめ、端座の姿勢を崩さなかった。しかし、傾斜が一五度を超すと、さすがに何かにつかまらないと立ってはいられなかった」

艦長伝令・塚本二曹談。

「機銃員の張り切りようはすごかった。特設機銃大活躍。後部爆弾命中、火災の報告。防空指揮所から見ると煙の出る程度。左舷機銃群に爆弾が命中した際に飛び散った被服に火がついたまま飛び上がってきた。至近弾か、黒い水柱。右舷前方の艦首波よけ付近にヒューときた。胸に切り込まれるようにヒヤッとした。艦橋の下、爆弾何発か食っている。艦橋目掛けた爆弾が後部に命中。機銃掃射、魚雷。あそこに来て命中。ここに来て命中。分からないくらい、始終グラグラ、ドカン、ドカンという感じ。一五〜二〇本。海水が飛び散り、艦がグラグラし、下方に沈んでいく。初め、主砲は編隊に対して撃っていた。それから敵機が散開したので、撃つ目標がなくなった。最初、数機落ちた。火を噴いて帰っていく機もあった」

機銃員・前田忠夫水兵長（後部右舷張り出しにある十一群二三番三連装機銃の銃兵長）談。

「『戦闘配置に就け』。敵はすでに突撃態勢に入っていた。『撃ち方始め』。敵は勇敢で、右舷後部から操縦士の顔が見える所まで突っ込んできた。爆撃機が胴体を開くと、『砲丸』みたいなものが自分目掛けて落ちてきた。後部は至近弾が多かった。指揮官・鎌田利雄少尉の『撃て！』の号令で、機銃は四五～五〇度の角度でずっと撃ちっぱなしであった。引き金は甲板中央部の従動照準装置付き管制器内（九五式射撃指揮装置）で引き、銃側では弾を込めるだけ。たらいに水を入れて、ぞうきんで銃身を冷やしながら撃ち続けた。機銃弾は銃側にぐるりと補充してあった。第一、第二、第三波までは上空から突っ込んできたが、対空砲火にはかなわないのか、第三波を過ぎてからは左舷の水平攻撃に変わったように思う。敵機は海面すれすれに飛んできて、魚雷を落としていった」

機銃員・後藤虎雄上曹談。

「レイテ戦では、二五ミリ単装機銃四基があったが至近弾でやられた。その戦訓から強化することになり、三連装機銃二基と単装機銃二挺の配備になった。機銃座の周りは防弾のために柔道の畳で囲んだ。早めの戦闘食、むすび二個とゆで卵を食べていた。対空戦闘の号令とブザーで配置にすっ飛んでいった。第一弾は第三主砲塔後部一帯。雷撃機は狙わずに急降下爆撃機だけを狙った。機銃弾はなかなか命中しなかった。魚雷は一一本まで覚えている。十二群の機銃は魚雷直撃の衝撃でひっくり返った」

機銃は、多数の機が同時に来襲した場合、そのつど指揮官の目測で苗頭を調定、修正することは不可能である。集中束弾の中心を目標に導ければ、多数の命中弾を得ることができた。機銃角度式照準器は射弾精度が良好であった。

米軍側の記録は、被撃墜六機（爆撃機二機、雷撃機三機、うち一機は爆撃実施、戦闘機一機）、被弾損傷五二機、うち海上不時着一機と修理不能、放棄機体五機。「大和」戦闘詳報は、撃墜三機、撃破二〇機、天一号作戦海上特攻隊戦闘詳報（第二水雷戦隊司令部）は、撃墜一九機（沈没艦の分を含まず）で、計撃墜二二機、撃破二〇機となる。撃墜数では米側の記録と大きな隔たりがあるが、被弾機数は米側の記録が大きく上回っている。日本側の対空射撃は正確であったが、米側の耐弾防御力が優れていて撃墜される機が少なかったということであろう。

十三時、「カボット」の第二九雷撃隊TBM－3九機は、攻撃の特別指示は受けていなかったが、出撃以来、先行していた「バンカー・ヒル」の第八四雷撃隊が攻撃態勢に入ったのでこれに追随した。密雲を突き抜けて降下し、日本艦隊の右側南より接近。この時点では、日本側の対空砲火は左側の別の航空機（「エセックス」の航空群）

に集中していたが、「カボット」と「バンカー・ヒル」の雷撃隊が「大和」に接近するにつれて、中口径の対空砲火が高度四六〇メートル、距離三六六〇メートルで撃ち上げられてくる。「大和」の周りに駆逐艦七隻、「阿賀野」型が約四キロ先、北東と南東一一キロにも駆逐艦がいた。

第二九雷撃隊隊長は、「大和」を雷撃する好位置にあると判断し、気速二三〇ノット、高度二四四メートル、射程一八三〇メートルで、Mk13-A魚雷（調整深度六メートル）を「大和」艦首前方船長三分の一に照準して投下。「大和」は、速力八ノット程度でゆっくりと右旋回。隊長機に続いて、二番、三番、四番機も、気速二九〇〜二二〇ノット、高度二一〇〜一五〇メートル、射程一六〇〇〜一二八〇メートルで「大和」の右舷目掛けて魚雷を投下し、護衛駆逐艦の間を縫って避退した。四条の雷跡が真っすぐ駛走する。

「大和」は、右に傾斜しながらも急速右旋回に入った。「大和」の右舷に、二発の水中爆発が目撃される。

五分後、第二九雷撃隊第二小隊四機が、第一小隊とほぼ同じ針路で雷撃態勢に入った。その時までに、「大和」は三六〇度旋回を終えていた。

第二小隊長機は、気速二六〇ノット、高度二二九メートル、射程一一九〇メートルで、2-A魚雷（調整深度六メートル）を投下。引き続き、二番、三番機が、気速二八〇ノット、高度三〇五メートルと二四四メートルから、射程一八三〇メートル、調定深度五メートルで、ゆっくりと旋回を続ける「大和」の艦首目掛けて、気速二八〇ノット、高度三〇五メートル、射程一八三〇メートル、調定深度五メートルの魚雷を投下し、前艦橋直下への命中を目撃。

面舵いっぱいで右に旋回する「大和」の左舷に七本、右舷に二本の魚雷命中があった。

第二九雷撃隊九機は、右舷二本、左舷一本の命中を記録した。

左舷二十四番機銃員・宮本岩三二曹談。

「主砲がまず撃ち始め、わが機銃が撃ち始めたのは遅かった。前方から来たものしか狙わない。指揮官「撃て！」の号令。その後、命令なし。単独射撃。雷撃機専門に狙って撃った。三五度に銃身を構えて射撃した。銃身の先が溶けるぐらい撃った。自分の頭上に来るまで撃って、あとはすぐ次のを狙った。魚雷を投下したのは見送った。大分傾いて隣の二十二番機銃塔が吹っ飛んだ。最初の魚雷一本、機銃座が飛ぶ前に、付近に二、三本命中している。三度目の衝撃で吹っ飛んだ。自分の機銃も衝撃でバァーと銃身が右を向いたまま。故障でだめ。火薬の真っ黒な色、どぶ色の水柱がわぁーと上がってきた。砲塔の外に出た。ない、二十二番機銃塔が左側の甲鈑の白線の引いてある所まで飛んでいた。下敷になって挟まれている兵員が二、三名いた。配置がなくなったのでしょうがない。三番主砲塔の下でたばこを一服していた。損害のない機銃は撃っていた」

「大和」を外れた魚雷が、「冬月」、「初霜」の艦底をそれぞれ一本通過、「磯風」は、艦底通過魚雷八本を数えた。

各航空群の飛行機は、十三時二十分ごろまでに攻撃を終了すると、逐次合同して母艦への帰投を急いだ。途中、日本機の反撃に遭うことはなかった。

十三時二十七分、第五八・一任務群の攻撃指揮官は、「『大和』と『矢矧』に重大な損害を与え、駆逐艦二隻を撃沈、ほかの数隻の駆逐艦に損傷を与えた」と、戦果第一報を打電。

米軍の報告通り、「大和」は被弾で後部火災、被雷多数により傾斜状態、第二水雷戦隊旗艦「矢矧」は被雷で艦尾欠損、航行不能、駆逐艦「朝霜」は機関故障で落後し「われ敵と交戦中」の連絡を最後に消息不明、「浜風」は被爆、被雷で轟沈、防空駆逐艦「涼月」は被弾により航行不能（のちに後進のみ可能）だった。

ミッチャーは、戦果と残存駆逐艦の勢力、間もなく戦場に到達する後続の第五八・

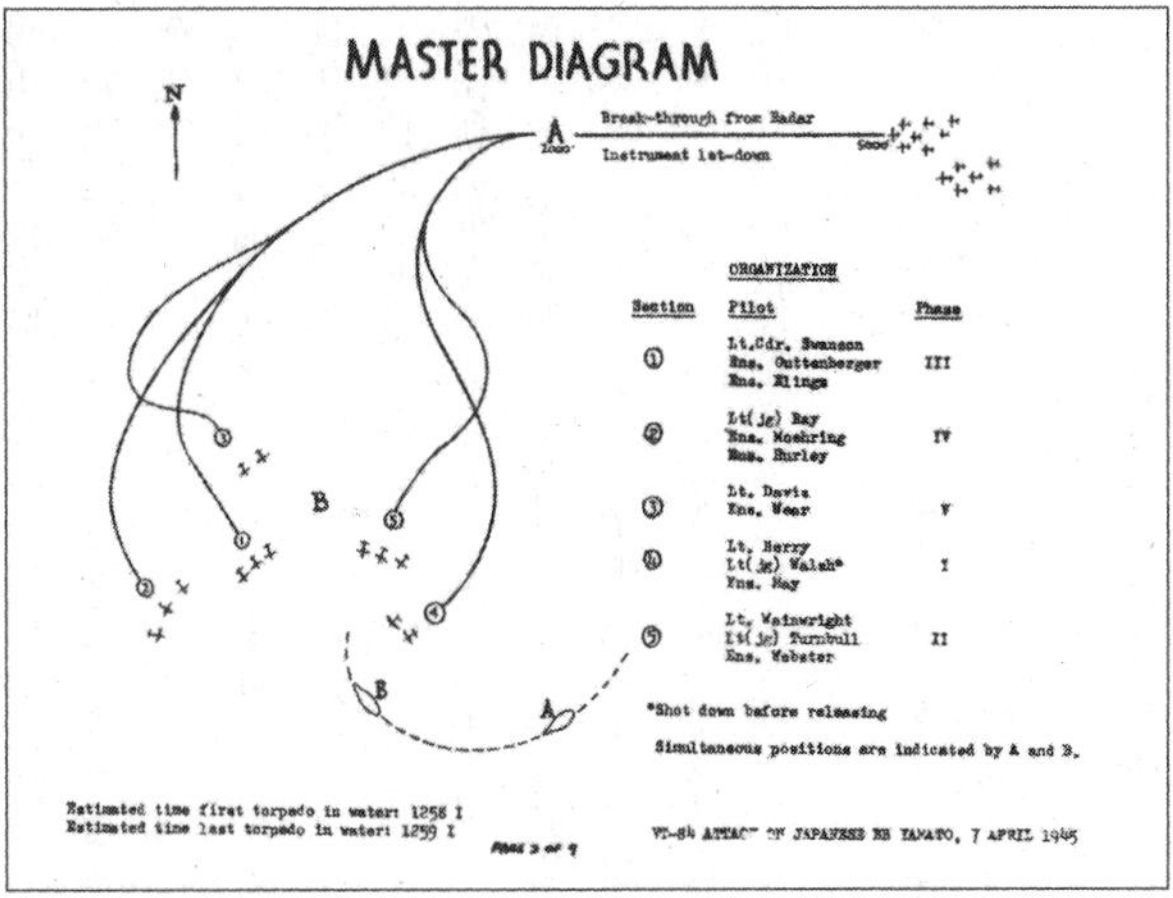

右に旋回する「大和」の前方から雷撃態勢に入る雷撃中隊13機の位置

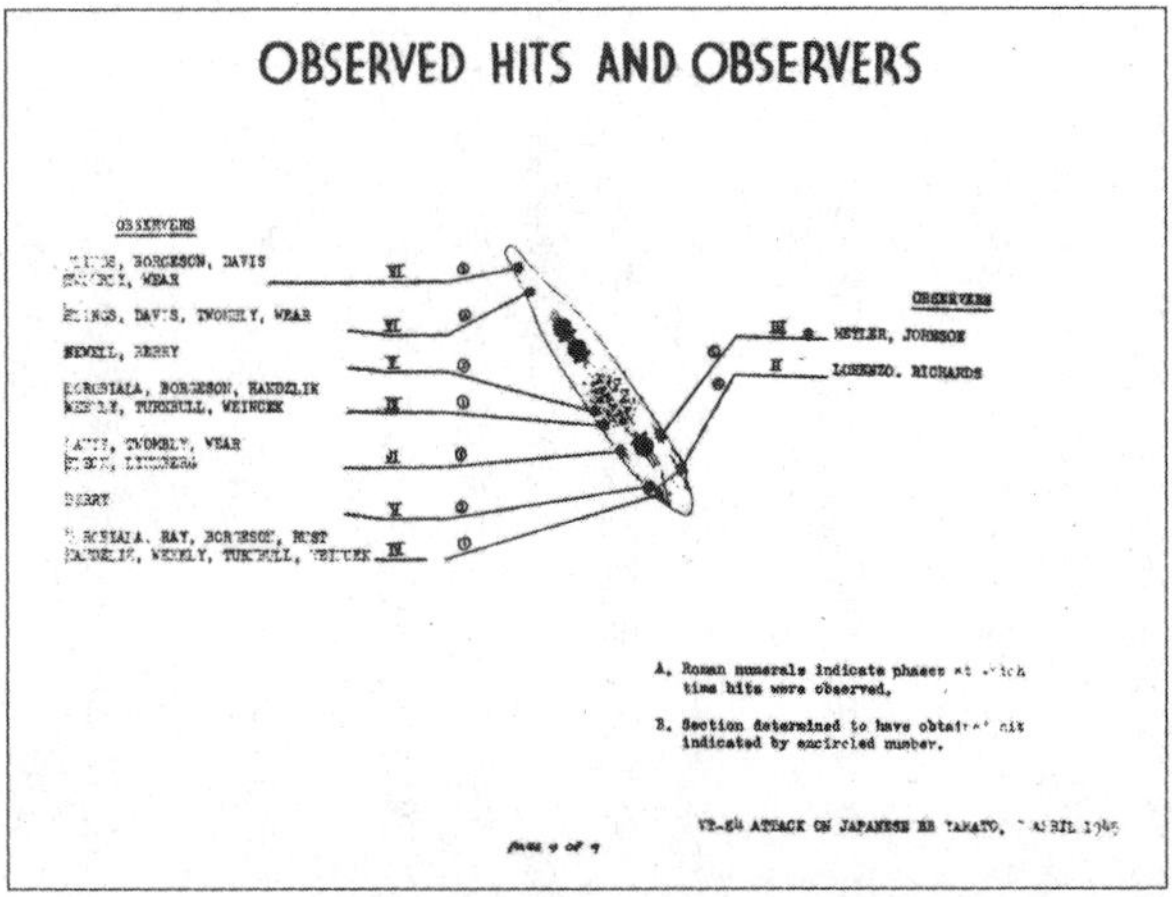

「バンカー・ヒル」雷撃隊の搭乗員が目撃した「大和」の魚雷命中位置

四任務群の攻撃力を勘案して、これ以上攻撃隊を送ることをやめた。

防空直衛艦「冬月」通信士・鹿士俊治中尉は、「大和」から旗旒信号が上がったのを見た。

「決戦海面を北緯○○度、東経○○度とす、方向一八○」(北緯、東経の具体的な数値は記憶なし)

決戦海面とは、男女《だんじょ》群島の真南に当たる地点である。有賀艦長は令達器で、「本艦の任務は重大である。本艦に力ある限り、皆全力をあげ最後まで頑張れ!」と、乗組員の士気を鼓舞した。「大和」は、針路を南に向けて沖縄を目指した。

本時期における第一遊撃部隊司令部判断処置。一、「大和」当面戦闘航海に支障なし。二、被害増大の状況において突入時機変更を要す。三、損傷船、特に第二水雷戦隊司令部の状況確認のため「矢矧」の方向に向かう。

電測士・吉田満少尉は、生還後に文語体で一気に書き上げた著書『戦艦大和ノ最期』のなかで、戦闘艦橋の状況を次のように記している。

「航海長茂木史朗中佐『一つ一つ向こうの打つ手は見当がつく、舵に来るな、と思うと必ず来る。それでいて、どうにもこちらからは手が出ない。こんな馬鹿な話があるか』。シブヤン海の海空戦で航海長津田弘明大佐とのコンビで絶妙な操艦を行なった前『大和』艦長・第二艦隊参謀長森下信衞少将『見事なものじゃあないか、やはり実戦こそは最上の訓練なのだ。戦争の前半ではどんどん攻めながら俺たちは腕を上げていった、ところが、後半になると、逆に敵さんが逃げてばかりいる俺たちを追い抜いてしまった。航空機による大戦艦攻撃法という、俺たちが緒戦で世界に叩きつけた問題に、ここで鮮やかな模範答案をつきつけられたようなものだ』。『艦橋ニ開戦以来ノ笑声上ル。自嘲ノ笑イカ』」。

「大和」の最期

十三時十五分ごろ、第五八・四任務群・空母「イントレピッド」を発艦した四二機は、日本の海上特攻隊を目指して針路を三五〇度（北方）に設定し、高度四五七メートル、気速一四五ノットで、母艦から距離五〇六キロの喜界島と奄美大島北端の間を飛行中だった。「ヨークタウン」機（四六機）と「ラングレー」機（一九機）が「イントレピッド」の航空群に合同する。

第五八・四任務群の陣容は、戦闘機F6F－5三二機、戦闘爆撃機F4U－1D一六機、爆撃機SB2C－4二七機、雷撃機TBM－3三二機で、「イントレピッド」戦闘爆撃隊隊長が第二次攻撃隊の総指揮官だった。

天候は、二一三〇～一二三〇メートル付近の雲量一〇、高度一二二〇～四五七メートル付近には多くのスコールがあり、雨が降っていない海域の視界は九～一五キロだった。

第二次攻撃隊は、針路を二七〇度（西北）に変針。海上特攻隊への攻撃を終えて、針路一五〇度で母艦に帰投する友軍機の大編隊とすれ違う。

十三時三十分ごろ、「イントレピッド」隊（高度三六六～四六〇メートル）の四キロ先を嚮導飛行する指揮官機が、艦船の航跡を視認。高度を下げて、その航跡を駆逐艦と特定した。触接報告から一分後、第二次攻撃隊は、対空砲火の閃光とともに、雨模様の海域に戦艦と駆逐艦三隻を確認し、高度一五二メートルまで降下した。戦艦は、針路一五〇度、速力五～一〇ノット。

「イントレピッド」隊は、「大和」の北方およそ九～一一キロの射程外を通過して攻撃準備に入る。「ヨークタウン」機は、ほかの航空群の攻撃完了を待つために、「大和」から一一～一九キロの空域を旋回していた。

攻撃指揮官は、編隊と戦艦「大和」の中間点に占位し、「イントレピッド」雷撃隊隊長に左に旋回するよう下令し、雷撃隊隊長機を目標と触接できる態勢に導いた。各航空群間の組織的な共同攻撃は、悪天候のために断念された。この時点で、ほかの戦闘艦がどの辺りに所在するかは不明であった。

攻撃は、「イントレピッド」隊（戦闘爆撃機四機、爆撃機一四機、雷撃機一機）、「ヨークタウン」隊（雷撃機六機）、「ラングレー」の順で、雷撃隊と爆撃隊は「大和」と「矢矧」に集中し、戦闘爆撃隊と戦闘機隊は、視界に入るなかの最上の標的を攻撃する。

十三時三十五分、北緯三〇度五〇分、東経一二八度〇五分の海域に点在する日本艦隊が確認される。「大和」は、推定速力約二〇ノット、艦中央に火災が発生し、重油の帯を引きながらも、回避運動をとっている。炎上する「涼月」が、およそ九キロ北方にいた。

旋回中の「ヨークタウン」隊の近くで、大口径の対空弾が炸裂。編隊は、すぐにレーダー妨害片を散布する。米軍は、「大和」の対空砲火がレーダー射撃で管制されていると思っていて、攻撃の間中、日本側の射手の照準を混乱させるためにレーダー妨害片の放出を継続している。

砲術長・黒田吉郎中佐談。

「当時、電探は真空管の技術水準が低く、大空にある雲の中の一点をとらえるほどの精度はなかった。もし射撃用レーダーがあれば、航空機に打ち勝っていただろう。早く発見できた敵機目掛けて何斉射かしたが、敵は波状攻撃、一つのグループから小隊単位に分かれ、五～六機の小集団でやってきた。時間の記憶はないが、早い時期に艦が傾斜して砲の旋回ができなくなった。『早く傾斜を直してください』、数回砲塔から催促があった。『方位盤独立撃ち方』で、用意のできた砲が発砲した。第一、第二の前部砲塔合わせて一発のときもあり、とにかく各砲塔は死力を尽くして撃っていた」

十三時三十五分、第一〇戦闘爆撃中隊F4U－1D一二機のうちの四機が、高度三〇五～二七〇メートルから「大和」を攻撃。緩降下爆撃で、一〇〇〇ポンド通常爆弾（遅動信管〇・〇二五秒）三発を投下、一発の直撃弾と至近弾二発、駆逐艦に対して機銃弾一六〇〇発を発射した。

雷撃隊TBM－3一二機（搭載兵器：Mk13改六、改九魚雷各六本、調整深度三メートル）のうちの一機が、高度六〇メートルからMk13改六魚雷を投下し、「大和」の左舷中部煙突後方に命中。

見張り長・渡辺少尉談。

「傾斜二三度、これくらいの状態が長かった。雷跡を見て回避する。舵の利き具合を確かめて、大丈夫、かわせると思ったら、『艦長、よろしい』。有賀艦長が『戻せ』と言って、次の目標（雷跡）に対応した。剣道と同じだ。傾斜が二〇度を超えれば、目標が見えても合理的な回避はできない。右舷に魚雷を発見すると『面舵いっぱい』で右に舵を切らなければならないが、全速で航行していると、遠心力で左に大きく傾斜して転覆するような感じになった。『取舵いっぱい、ようそろ』で左へ左へ回って、艦を振り起こすように操艦した。結果として、のた打ち回るような形になった。魚雷が次々命中しても仕方がない。『右舷注水区画満水、余力なくなった』、傾斜三五度になった。運用科に傾斜復原を促す。そこで、やむを得ず、缶室、機械室注水という段取りになった」

高度一二二〇メートルと九一〇メートルの間に密雲があり、攻撃隊は触接を維持するために高度九〇〇メートル以下を飛行しなければならない。第一〇爆撃中隊のSB2C－4E一四機は、北東方向を旋回していた雷撃中隊と合同して「大和」の東方向から接近し、爆撃編隊を嚮導する隊長は、雲底九一四メートルから第一小隊を率いて、「大和」艦首上空から緩降下爆撃を敢行。北方に旋回した第二小隊七機は、「大和」の艦尾方向から突撃に入る。

気速一八〇ノット、高角三〇～四〇度で降下し、高度四五七～三〇五メートルから、一〇〇〇ポンド半徹甲爆弾（遅動信管〇・〇二五秒）一三発と五〇〇ポンド通常爆弾一四発を投下。最初の投下で、左後部に一発、煙突後方に一発、艦中央に五発が直撃した。二七発の爆弾のうち、三発が「大和」を直撃し、一五発が至近弾または直撃弾と判定された。「大和」の主砲発砲で四機が損傷。

「大和」は、多数の直撃弾によって速力が落ちた。左舷後部の対空火器群は直撃弾と爆風で吹き飛ばされ、被弾孔からは黒煙が噴出し、火炎が燃え広がる。それでも、時計回りと反対に旋回する直衛艦と共に、針路一五〇度を保っていた。

左舷二番一二・七センチ連装高角砲左砲員・細川秋司上等水兵談。

「出撃の際に、高角砲付近のデッキ・サイドの手すりに、太いロープをはすかいに網の目のようにつるして弾片よけにしていた。『三目標の大編隊刻々近づく』、拡声器の状況報告。『各砲対空戦闘撃ち方用意!』、『撃ち方始め!』、撃つと砲の尾栓から火がパッと出る。火薬がにおう。砲身がいっぺん後退した時、撃鉄が引っかかる。尾栓が開いて空薬きょうがカランカランと出てくる。熱い。手袋して操作。足元に孔が開いている。足で蹴る。空薬きょうがその孔の中に入っていく。連続発射。戦闘中は早く撃つことのみを考えていた。後部への直撃弾で発生した火災の煙が通路を伝わって、弾丸を取りにいくと煙に苦しめられた。弾が来ないので振り返ると、後ろの者が倒れている。砲が動かないと思うと、機銃掃射で旋回手がぶち抜かれている、という状況。

左舷の前部副砲塔付近に魚雷命中。パァーと目の前が赤くなった。水柱が滝のようにザァーと落ちてきた。中部舷側にある覆い付き機銃塔、付け根からやられる。機銃員が覆いの中に入ったまま海中に落下。砲弾をとりに行った時、爆弾命中、目の前が赤くなった途端に吹き飛ばされて気絶した。砲員の半数がやられた。左舷電路が切れ、砲は電気発射から銃側発射に変えた。人力になると敵機のスピードについていけない。『来たぞー』でボカンと発射した」

第九航空群は、戦闘中隊F6F－5一二機、戦闘爆撃中隊F6F－5八機、爆撃中隊SB2C－4一三機、雷撃中隊TBM－3一三機（搭載兵器：Mk13改六、改七、改九航空魚雷、調整深度三メートル）で編成されていた。

「イントレピッド」攻撃隊隊長は攻撃を完了すると、大打撃を与えて「大和」は傾斜中と報告。そして、あと数本の魚雷で「大和」にとどめを刺すことができると強調した。

十三時四十五分、「大和」雷撃のために航空群からの分離を要請し許可を得た「ヨークタウン」雷撃中隊第一小隊長は、「大和」の後方で大きく旋回しながらTBM－3六機を率いて分離した。「大和」の速力は、一〇〜一五ノットに低下している。

天候は高度わずか六一〇メートルの雲高という状態で、通常の高速雷撃法をとることは不可能だった。そこで、第一小隊長は、機上レーダーで空一面の雲を突破して降下することを決意する。レーダーで追尾し、一定の距離を保ちながら上昇し、「大和」の右舷艦首八キロ先の地点に占位。六機の後部搭乗員は、魚雷の調定深度を、出撃時の三メートル（対巡洋艦）から「大和」の雷撃に備えて六〜六・七メートルに変更する。

雷撃位置に部下を導いた第一小隊長は、黒色の爆弾倉扉を開いて攻撃開始を合図し、高度一三七〇メートル、距離八キロから雷撃態勢に入る。雲高六一〇メートルを抜けた段階で、雷撃位置には遠すぎると判断していったん雲中にとって返す。二度目の二二九〇メートルの突破で完ぺきな雷撃位置に占位し、四機が横陣を組み二機は少し後に続く。

四機は、気速二二〇ノットを二八〇ノットに増速すると、「大和」の艦首部と正横腹に照準をとって魚雷を投下し避退。続行する二機は、「大和」の中央部に三つの爆発を視認すると、それぞれ独自に雷撃を敢行する。五機目の魚雷が「大和」の右舷艦首に命中。六機目の魚雷は艦尾近くの左後部に命中した。この「ヨークタウン」雷撃隊第一小隊が、日本海軍の最強戦艦「大和」を海底に葬り去る栄光に浴することになる。

第二小隊は、第九爆撃中隊、第九戦闘中隊、「ラングレー」の第二三雷撃中隊に合流して「矢矧」を攻撃した。

十四時十五分、「大和」は、左九〇度、一〇〇〇メートルに雷跡一条を発見。取舵で転舵するも、左舷中部に魚雷命中。傾斜は急激に増加する。

測距儀左測手・坂本一郎上等兵曹談。

「左舷後部、副砲塔の辺りに、左三〇度、一〇〇〇メートルから来て当たった魚雷が最後だったと記憶する。これが致命傷。グーンと沈んだ。全体の魚雷命中数は分からない」

吉田満著『戦艦大和の最期』には、「突如中部左舷に大水柱上がる。同時に、足元を掬《すく》われたるごとき薄氷感あり。航海長、詰問の語調鋭く『艦長、今の魚雷は見えませんでしたか』。艦長、上部の防空指揮所より『見えなかった』。航海長繰り返して『見えませんでしたか』。横顔引き締まって蒼黒し。この魚雷、ついに致命傷となれるか、少なくとも数発に匹敵する痛撃を与う」とある。

「大和」が惰力で航走する航跡には、激しい傾斜で艦から転落した乗組員が点々と浮いていた。直衛駆逐艦「冬月」は、スクリューで巻き込まないように、右に左に蛇行しながら距離約五〇〇メートルを保ち、五、六ノットで追随しながら警戒の任にあたる。

機関科・糸川重明二曹談。

「艦の傾斜で立っていられないので、隔壁につかまって立っていた。機関室の出入口は一つ、わずかずつ海水が入ってきた。浸水を直通電話で報告すると、『後檣火災。操舵員全員応援に来い』、副舵取機室から退避してきた兵が扉を開けた。中甲板の水が機械室に入ってきた。後部の出入り口のハッチから脱出した。戦闘配置には兵二名が残っている。主舵取機室の兵もそのまま。最後にハッチを閉めればハッチの四枚下にはまだ当直兵がいる。いつまでも気になる。最上甲板に出ると、応急科の大尉が、『もう復原は不可能だ。みんな海に入る覚悟をしろ。総員退去の意見具申をする』と言って前部に駆けていった」

第七機銃群指揮官・松本繁太郎少尉談。

「魚雷命中一四本まで記憶している。先任下士が『分隊士、降りましょう。降りましょう』と二回いいにきた。『地獄へ行く腹ごしらえでもせんかい』、戦闘食を食べながら『わしらはここでいい。君らは先があるんだから降りたらよかろう』。傾いた前艦

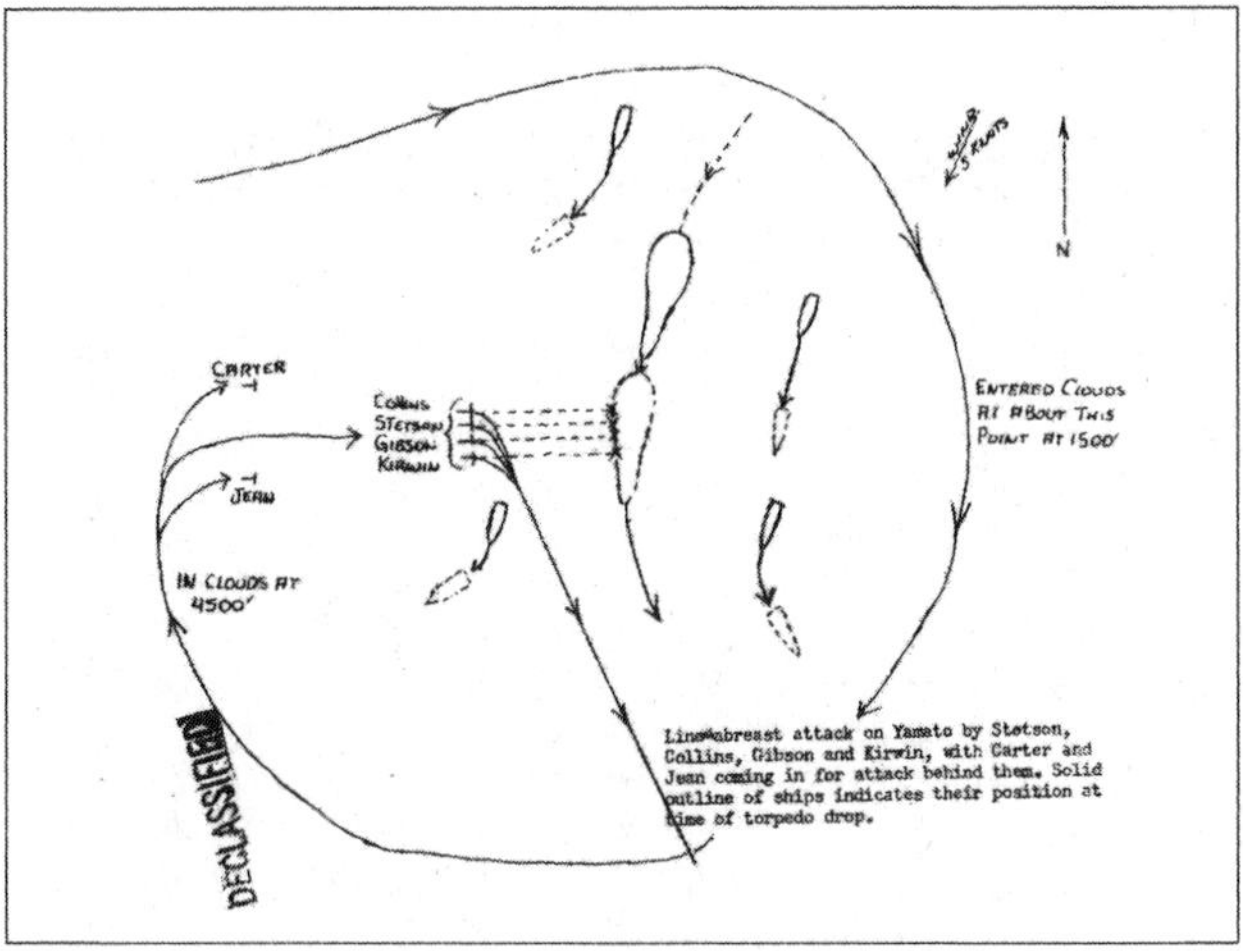

「大和」右舷への「ヨークタウン」雷撃隊4機の雷撃状況を示す

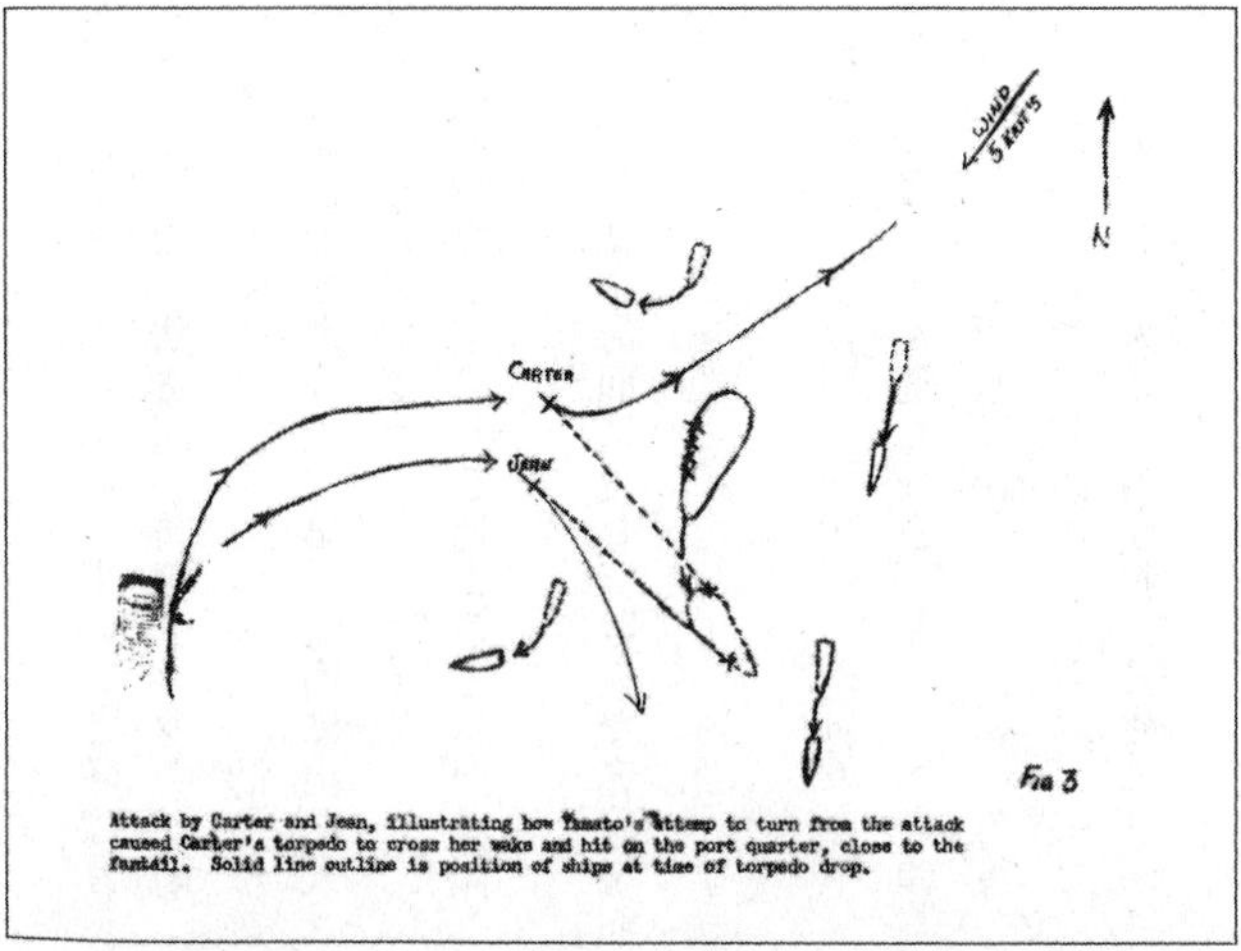

結果的に「大和」へのとどめの一撃となった魚雷の命中個所を示す

橋から参謀連中が降りていく姿に、はっとして敬礼すると、『来い、来い』と呼ばれた。参謀・山本祐二大佐が一番あと。波が足元まできた。防毒面、防弾チョッキ、雨着そのままで海に入った。入っても泳ごうとせず、ぐっぐっと沈んでいった。助かろうという気持ちは全然なかった。結局、それが助かる道であった。早く海面に出た人はスクリューに巻き込まれ、または艦の自爆で飛ばされている」

「大和」は、傾斜五〇度まではきわめてゆっくりだったが、それを過ぎると急速に傾いた。転覆は目前に迫っていた。

「大和」は、六〇度、七〇度と刻々と傾斜を増し、前檣を海面に没し、巨大な赤腹を見せるだけになり、しばらくして左に転覆した。

航海士・山森中尉談。

「『大和』は、短時間にあっという間に沈んだわけではない。艦長の『総員最上甲板』の命令が出てからは速かった。傾斜の進み方がどんどん速くなる。左へ左へと傾きながら、艦は機関の惰力で走り続けるだけだ。甲板に人が飛び出してきた。四五度以上傾いた『大和』の横腹に、人がいっぱいひしめいていた」

「冬月」からは、乗組員二〇〇名余りが鯨の背のような「大和」の赤腹に必死にしがみつく姿が目撃されている。

転覆して赤腹を見せていた「大和」は突如、二回爆発を起こした。大きな曲線を描く艦底のやや前方、二番主砲塔付近のキール線から細い煙の柱が上空に噴き上がる。連続してボッボーンという大音響。まばゆい黄色の閃光が走ると同時に、直径一〇〇〇メートル、高さ八〇〇〇メートルの巨大な火炎が天を焦がす。「大和」は瞬時に海中に没し、爆煙が上空を覆った。火炎と爆発が静まると、海面には大量の重油が漂うのみであった（黒色火薬の爆発によって、二番主砲塔の火薬庫が誘爆した可能性が高い）。

戦闘航行に支障がない艦は、「冬月」と「雪風」、「初霜」の三艦のみで、「雪風」と「初霜」は、「大和」から一五〇〇メートル離れた位置で警戒待機していた。

司令長官と艦長の死

第一艦橋の司令長官・伊藤整一中将は、「傾斜復原の見込みなし」の報告を受けると、第一艦橋左舷後部に幕僚を集めて握手をし、「駆逐艦を呼んで、参謀長以下、全員が移って艦隊をまとめなさい。私は艦に残る」と言った。

森下参謀長が「私も残ります」と言う。副官・石田少佐が、「長官、死んではいけません」と翻意を促す。表情を硬くした伊藤司令長官は、「命令だ！」と一喝し、「お前たちは若いんだ。生き残って次の決戦に備えよ」と告げると、艦橋下の私室に降りていった。

第二艦隊司令長官の死は、昭和二十年（一九四五）八月七日の新聞紙上に「伊藤中将、大将に進級」の見出しで、「海軍省公表（昭和二十年八月六日）今般左の通り進級せしめられたり。海軍中将伊藤整一中将　任海軍大将」、「燦《さん》たり、海上特別攻撃隊、沖縄周辺の敵艦隊に壮烈なる突入作戦、伊藤大将以下、大義に殉ず。栄光後昆に伝えん」として報じられた。「大和」の名が公表されることはなかった。

防空指揮所で全艦の士気を鼓舞していた艦長・有賀幸作大佐は、防弾チョッキとヘルメットを装着し羅針盤を握ったまま、艦と運命を共にした。

見張り長・渡辺志郎少尉談。

「艦の傾斜がますますひどくなる。副長・能村大佐から艦長に、『総員退去を命令されたらいかがでしょうか』の進言。伝令が受け、すぐに伝えて艦長の耳に入った。艦長は『よろしい』と言われるかと思ったが、黙って厳しい表情。そこで、『艦長、了解』と副長に返答した。有賀艦長は、無意識のように『天皇陛下万歳！』としゃがれた声で叫んだ。周りにいた高射長・川崎勝巳少佐、森一郎少尉、吉田兵曹、辻兵曹もそれにつれて叫んだ」

艦長伝令・塚本二曹談。

「艦長は戦闘中、たばこを何本か吸われた。それは苦しいときに気分を癒すためだったろうか。艦長は自ら『総員、最上甲板！』の号令をかけて、指揮用の白手袋で羅針儀をぐっと握っておられた。『艦長、防弾チョッキを』と申し上げた。艦長自身にとっていただきたかった。『いや、責任上、フネもろとも行く。それより君らは急げ』と言われた。自分は、助かるものならばという気持ちで、片手で自分の重心を支え、もう一方でテレトークを外そうと思った時に海中に入った」

戦後、渡辺志郎氏（見張り長・防空指揮所配置）のもとを、吉田満氏（戦闘艦橋配置）が訪れた。用件は、自著『戦艦大和の最期』に、「艦長有賀幸作大佐御最期　艦橋最上段の防空指揮所にありて、鉄兜、防弾チョッキそのまま、身三カ所を羅針盤に固縛す」と表現したいのだが、この記述が合っているかどうかということであった。渡辺氏は、防空指揮所にはロープはなく、艦長が羅針盤に体を縛り付ける余裕もなかったと話したが、有賀艦長の艦と運命を共にするという心情をおもんぱかって、あえてその表現を否定しなかった。そういう経緯で、有賀艦長の覚悟を示す「身三カ所を羅針盤に固縛す」との表現が歴史に残ることになったのである。

有賀幸作大佐の死は、昭和二十年八月一日付布告第一九三号をもって、その勲功が全軍に布告された。

爆撃を終えた「イントレピッド」隊は、合同する間に、戦艦と駆逐艦三隻が針路一五〇度、速力一〇ノットで航行しているのを観測。「大和」は、傾きながら炎上していた。

十四時十五分ごろ、「大和」は、取舵で左旋回し、およそ九〇度旋回した時に激しい爆発を起こし転覆した。撮影機はK‐20斜角撮影用カメラで「大和」の最期の姿を撮影し、十四時二十分ごろにこの海域を離脱した。こうして、「大和」の最期の雄姿は後世に残されることとなった。

十七時三分、第五八任務部隊指揮官は麾下部隊に、「本日の戦果、戦艦一隻、軽巡洋艦二隻、駆逐艦三隻撃沈、駆逐艦二隻大破、炎上、駆逐艦三隻無傷」と通報。戦艦部隊を率いて、日本艦隊との砲撃戦を待ちわびていた第五四任務部隊指揮官デイヨー少将は、その夜、高速空母部隊の攻撃隊が「大和」以下の大半を撃滅したことを知った。

デイヨー少将は、「戦闘における偉業は、それを達成することが重要であり、誰が実現したかは問題ではない。空母航空群の行動は感嘆に値する。しかし、第二次大戦の全期間を通じて、艦隊同士による決戦の機会はまれであった。『大和』との決戦が日米戦艦の実力を正しく評価する最後の機会であったことは否定できない」と述懐した。

「矢矧」、「朝霜」、「浜風」は沈没、航行不能となった「霞」は「冬月」の九三式魚雷によって、「磯風」は、「雪風」の主砲弾によって処分された。被弾、大破した「涼月」は、九ノット後進で奇跡的に佐世保に帰投する。「冬月」、「雪風」、「初霜」も、生存者を救出して佐世保に帰投した。

聯合艦隊電令作第六一六号「第一遊撃部隊の突入作戦を中止す。第一遊撃部隊指揮官は乗員を救助し、佐世保に帰投すべし」。沖縄突入作戦は中止となった。

海上特攻隊戦闘詳報には、「敵機撃滅、確認一九機、被害『大和』、『矢矧』、『浜風』、『霞』沈没。『朝霜』は機械故障後、分離中に敵機と交戦、沈没の算大」と記されている。

「大和」被弾六発、被雷一〇本、至近弾無数。収容人員：第二艦隊司令部准士官以上四名（参謀長、砲術参謀、副官を含む）、下士官兵三名。准士官以上副長以下二三名、下士官兵二四六名。

「矢矧」被弾一二発、被雷七本（左四、右三）、十四時五分沈没。戦死四四六名（第二水雷戦隊を含む、うち准士官以上二八名）、戦傷一三三名（うち准士官以上九名）。

第四十一駆逐隊「冬月」ロケット弾命中二発。主砲発令所転輪中破、一缶室内海水浸入・管破損。戦死一二名（うち准士官以上一名）、戦傷一二名（うち准士官以上三名）。

「涼月」被弾一発。一番、二番砲塔大破、七三番ビーム以前大部分浸水、後部右舷至近弾により若干浸水。戦死五七名（うち准士官以上一名）、戦傷三四名。

第十七駆逐隊「磯風」右舷後部の至近弾により機械室満水、航行不能。戦死二〇名、戦傷五四名（うち准士官以上一名）。二十二時四十分、「雪風」に人員を移載後、砲撃処分、地点：北緯三〇度四六・五分、東経一二八度九・二分。

「浜風」右舷艦尾付近への直撃弾により航行不能、右舷三缶室付近被雷一本。十二時四十八分、船体切断、沈没。地点：北緯三〇度四七分、東経一二八度八分。戦死一〇〇名（うち准士官以上五名）、戦傷四五名。

「雪風」至近弾および機銃掃射により機銃一挺大破、主砲電路故障。戦死三名、戦傷一五名。

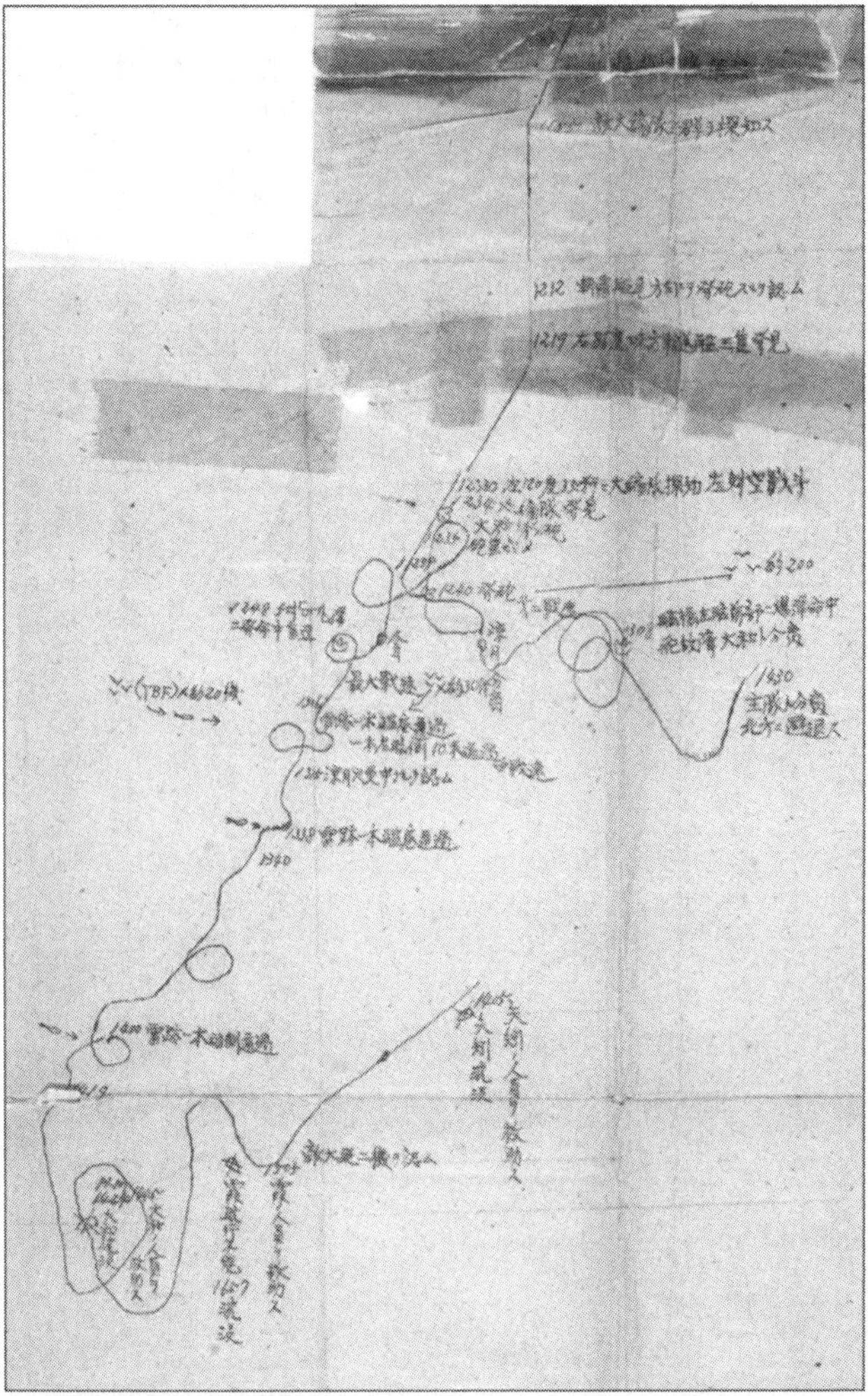

第41駆逐隊合戦図。「大和」、「霞」、「矢矧」の沈没位置が示されている

第二十一駆逐隊「朝霜」落後、その後、敵機と交戦中に「九〇度方向に敵機三〇数機を探知す」を発信後、消息不明。船体沈没、総員戦死と推定。戦死准士官以上一八名、下士官三〇八名。

「霞」右舷中部に直撃弾一発と至近弾一発、右舷後部への至近弾二発により一、二、三缶室浸水。左舷前部への至近弾により弾庫満水。「冬月」に人員を移載後、「冬月」により雷撃処分。地点：北緯三〇度五一分、東経一二七度五七分。戦死一七名（うち准士官以上一名）、戦傷四七名（うち准士官以上三名）。

「初霜」戦傷二名のほか被害なし。

一方、米軍の一九四五年五月二十五日作成の「四月七日、日本艦隊との交戦・『大和』の最期」に関する記録（Air Operations Memorandum No.82 NACI-ComAirPac）は、作戦に参加した飛行中隊の戦闘報告を分析して、「大和」に対して、空中魚雷一九本、一〇〇〇ポンド爆弾一八発、五〇〇ポンド爆弾一〇発命中としている（「矢矧」に空中魚雷七本、一〇〇〇ポンド爆弾一六発、五〇〇ポンド爆弾五発、ロケット弾二発。「照月」型駆逐艦に空中魚雷四本、軽巡洋艦または大型駆逐艦に空中魚雷一本、一〇〇〇ポンド爆弾五発、ロケット弾六発、「高波」型駆逐艦に空中魚雷三本、ほかの駆逐艦に五〇〇ポンド爆弾七発、一〇〇〇ポンド爆弾三発)。

沖縄突入作戦では、第二艦隊司令長官・伊藤整一中将以下、三七二九柱が犠牲となった。「大和」乗組員(第二艦隊司令部を含む)三三三二名のうち、生存者は二七六名と伝えられている。

海上特攻隊の記事は、昭和二十年四月九日付の新聞紙上に、「沖縄周辺の敵中へ突撃・戦艦はじめ空水全軍特攻隊。わが方の損害　沈没　戦艦一隻、巡洋艦一隻、駆逐艦三隻」として公表された。

この四ヵ月後、日本は、連合国に無条件降伏する。

昭和二十年八月十五日の終戦時、日本の保有海軍兵力の対米比率は六・八パーセントであった。

空母は日本四隻に対し米九八隻、戦艦一隻に対し二五隻、重巡洋艦四隻に対し二六隻、軽巡洋艦二隻に対し四八隻、駆逐艦三六隻に対し八二八隻、潜水艦四一隻に対し二六五隻、計日本が八八隻に対し、米は一二九〇隻であった。

「太平洋戦争被害調査報告」(中村隆英・宮崎正康編)によれば、終戦時価格であるが、艦艇および航空機の損耗は三三九億円、残存は六五億円で計四〇四億円。残存兵器はスクラップとしての価値しかないから、四〇四億円すべてが日本経済にとって損失と考えられる。

艦艇は、二五七万トンのうち一八一万トン、価格にすれば、一八八億円のうち一五一億円を失ったことになる。航空機は、八万一五〇〇機のうち六万五六〇〇機、価格にすれば、二一六億円のうち一八八億円を失ったのである。

あとがき

本書は「大和」の竣工から最期までの日々を記録した初めての内容といってもいい。「大和」自慢の世界最大の艦載砲四六センチ砲九門の領収発射が終了した翌日、昭和十六年（一九四一）十二月八日、航空機によるハワイ真珠湾奇襲攻撃が伝えられた。米海軍主力艦群は一時的に無力化され、「大和」自慢の主砲は相手を失った。その八日後「大和」は聯合艦隊第一戦隊に編入され、二ヶ月後には聯合艦隊旗艦「大和」となった。

しかし、時代の趨勢は、ハワイ奇襲攻撃の成功で海軍戦力の中心を大きく変化させていた。米海軍には日本海軍がうち漏らした空母と巡洋艦・駆逐艦しか戦力は残っていなかったのだ。必然的に海上航空戦力が主体となり速力二七ノットの「大和」に出番はなくなった。その空白の日々の「大和」の記録を丹念に記録したのが本書と特徴でもある。

もちろん「大和」がミッドウェー作戦に参加、母港呉に帰投の途中に「左対潜戦闘」で初となる実弾発射、「あ」号作戦時の主砲対空弾の発砲、自慢の主砲徹甲弾一〇〇発を発射した比島沖のサマール沖海戦、そして徳山湾沖から出撃した海上特攻の最後の海空戦の詳細をも記録した。それは「大和」の生涯の記録でもあった。

八〇年前日本は、自らが生み出した海軍航空戦法を兵器大量生産を誇る米国に再活用され大量の艦船を失い敗れた。その最終決着が戦艦「大和」の海空戦だった。沈没後生存者により作成された戦闘詳報に記録された被弾、被雷の数より攻撃側の米側詳細な記録からより甚大な被害が「大和」にあったように思われる。

日本は、ハワイの米海軍拠点に対する攻撃を航空機による奇襲で成功させた。将来「大和」と対峙するであろう米海軍戦艦群は大損害を受けた。その数ヶ月後、英海軍戦艦プリンス・オブ・ウェールズは日本海軍陸上攻撃機により洋上で撃沈された。この現実は航空機優越の証明となり、戦艦不要論にまで発展した。惜しむべきはビアク島攻撃の第三次渾作戦が「あ」号作戦への急きょ参加により中止されたことである。もしビアク島艦砲射撃が実現し、四六センチ砲弾がダグラス・マッカーサーを恐怖のどん底に陥れることができていたら、どんなに痛快だったであろう。

しかし、大東亜戦争（米軍呼称太平洋戦争）の勝敗の本質には無線通信諜報の活用があったことを、日本は肝に銘じておかなければならない。ミッドウェー作戦や捷一号作戦、沖縄突入作戦を含む「大和」出撃は米海軍に筒抜けだった。彼らは待ち構えていて「大和」を撃沈したのだ。しかし、どんなに海戦の様相が変わっても、日本海軍将兵にとって戦艦「大和」は、最後まで憧れの存在であった。

令和七年三月

原　勝洋

《参考文献》

松本喜太郎「戦艦大和武蔵設計と建造」（芳賀書店）／牧野茂・古賀繁一監修「戦艦武蔵建造記録・大和型戦艦の全貌」（アテネ書房）／牧野茂責任編集「海軍造船技術概要」7分冊／大谷豊吉「旧軍艦大和・砲熕兵器」／小川貫璽・横井俊幸編「戦藻録・故海軍中将宇垣纏日記」（日本協同出版）／齋尾慶勝中将「帝國海軍各種砲熕兵器データー記録」／山本親雄「大本営海軍部」（戦史刊行会）吉田満「戦艦大和の最期」（創元社）／庭田尚三「戦艦大和を忘れるな」／倉橋友二郎「第四十一防空駆逐隊戦記」（鱒書房）／防衛庁防衛研修所戦史部「戦史叢書　陸海軍年表」（朝雲新聞）／全国憲友会連合会編纂委員「日本憲兵外史」（研文書院）

Samuel Eliot Morison [Victory in the Pacific 1945] Clark G. Reynolds [The Fast Carriers] Naval Institute Press　The ONI Review July 1946「The YAMATO and The MUSASI」 US Naval Technical Mission to Japan [INTELLIGENCE TARGETS JAPAN] 4Sep.1946　Rear Admiral M.L.Deyo [Commander Battleship Squadron One]

神戸大学付属図書館海事科学館所蔵：渋谷文庫　生産技術協資料「旧海軍艦艇建造資料其の五（大和型戦艦の新型補機施設および艤装要領）」、「旧海軍艦艇建造資料其の六（戦艦大和基本計画、船型、機関決定後の経過）」、「旧海軍艦艇建造経過資料其の七（戦艦大和竣工後に施された諸改造）」旧海軍資料・生産技術協会「大和型戦艦の新型補機施設及び艤装要領」、「日本海軍大口径、同砲塔（揚弾装置を含む）同用弾丸の整備経過」、「艦艇公試運転成績」

海上自衛隊第一術科学校資料科所蔵：兵器学教科書「九四式四十糎砲塔」・兵器学教科書付図「九四式四十糎砲塔」

防衛省防衛研究所図書館史料室所蔵：軍艦大和「軍艦大和戦闘詳報第三号」、「軍艦大和戦闘詳報第一号の六」第二水雷戦隊司令部「第二水雷戦隊戦時日誌」、「軍艦能代戦闘詳報」、「朝霜戦闘詳報」、「戦艦行動調書・大和」、「駆逐艦行動調書」、「第一戦隊戦時日誌」、艦政本部「主力艦代艦研究資料」、横須賀海軍砲術学校「比島沖海戦並びその前後に於ける砲戦戦訓速報（その一水上砲術戦之部とその二対空戦之部）」・横砲校防一部「比島沖海戦戦訓・噴進砲」、海軍大臣官房「内令兵及び内令提要」、海軍兵学校「造船学教科書」、「海軍機関関係用語」、「第七十議会昭和十二年度予定経費要求（臨時部）」、「砲術長便覧」、「横須賀海軍学校・艦船対空砲装の研究」、「主要工事費諸統計表・造機部作業隊呉海軍工廠」、「日本海軍建艦線表」、第二復員局「大東亜戦争の海軍艦艇被害記録」、艦政本部総務部第一部「既成艦船工事記録」、「既成艦実費統計表

抜粋」、海軍機関学校「タルビン」本機械教科書：主補機械教科書巻之二「補助機械一般装置」、「海軍制度沿革」、海軍教育局「汽罐操式」、「海南島シンガポール地域」

U.S.Naval Historical and Heritage Command & 米国立公文書館Ⅱ所蔵：呉廠造船部船殻工場「1號艦工事記録」／1944年10月24日　CAG18（VB、VF、VT）「INTERPID」／CAG29（VT、VF）「CABOT」／CAG19（VF、VB、VT）「LEXINGTON」／CAG15（VF、VB、VT）「ESSEX」／CAG20（VF、VB、VT）「ENTERPRISE」／CAG13（VF、VB、VT）「FRANKLIN」／CAG14（VF、VB、VT）「WASP」／CAG7（VF、VB、VT）「HANCOCK」／CAG11（VF、VB、VT）「HORNET」／1945年4月7日　CAG6（VB、VBF、VF、VT）「HANCOCK」／CAG9（VB、VBF、VF、VT）「YORKTOWN」／CAG10（VB、VBF、VF、andVT）「INTREPID」／CAG17（VB、VBF、VF、and VT）「HORNET」／CAG29（VF and VT）「CABOT」／CAG30（VF and VT）「BELLEAR WOOD」／CAG45（VF and VT）「SAN JACINTO」／CAG47（VF and VT）「BATAAN」／CAG82（VB、VF、VT、VMF-112 and VMF-123）「BENNINGTON」／CAG83（VB、VF、and VT）「ESSEX」／CAG84（VB、VF、VT、and VMF-221）「BUNKER HILL」

《写真・史料出所》

U.S. Naval Historical and Heritage Command、米国立公文書館Ⅱ、防衛省防衛研究所図書館史料室、海上自衛隊第一術科学校資料課、神戸大学付属図書館海事科学分館、「丸」／潮書房、大和ミュージアム

《協力者》（敬称略）

柴田武彦、宇垣富佐子、泉山裕子、菅野直樹、岩橋幹弘、山田清史、田中明、北村新三、糸賀興右、Dean C. Allard、Kathlean Lloyd、Charles R.Harberlein,Jr、Edwin C. Finney,Jr、Kate Flaherty、Holly Reed、Rutha Beamond、Sharon Culley、Theresa M. Roy、Steve Wiper

＊本書は『巨大戦艦「大和」全軌跡』（二〇一一年八月、学研パブリッシング刊）の第六章〜第十二章に加筆・修正の上、文庫化したものです。

ＮＦ文庫

戦艦「大和」全戦闘
二〇二五年四月二十四日　第一刷発行
著　者　原　勝洋
発行者　赤堀正卓
発行所　株式会社　潮書房光人新社
〒100-8077　東京都千代田区大手町一-七-二
電話／〇三-六二八一-九八九一㈹
印刷・製本　中央精版印刷株式会社
定価はカバーに表示してあります
乱丁・落丁のものはお取りかえ
致します。本文は中性紙を使用
ISBN978-4-7698-3397-0　C0195
http://www.kojinsha.co.jp

NF文庫

刊行のことば

第二次世界大戦の戦火が熄《や》んで五〇年——その間、小社は夥しい数の戦争の記録を渉猟し、発掘し、常に公正なる立場を貫いて書誌とし、大方の絶讃を博して今日に及ぶが、その源は、散華された世代への熱き思い入れであり、同時に、その記録を誌して平和の礎とし、後世に伝えんとするにある。

小社の出版物は、戦記、伝記、文学、エッセイ、写真集、その他、すでに一、〇〇〇点を越え、加えて戦後五〇年になんなんとするを契機として、「光人社NF（ノンフィクション）文庫」を創刊して、読者諸賢の熱烈要望におこたえする次第である。人生のバイブルとして、心弱きときの活性の糧《かて》として、散華の世代からの感動の肉声に、あなたもぜひ、耳を傾けて下さい。